Warum
sind wir morgens größer als abends?

Die 70 schönsten Alltagsrätsel –
und ihre verblüffenden Lösungen

Herausgegeben von
Martin Gent

Zeichnungen von
Aljoscha Blau

Rowohlt · Berlin

Autoren:
Ariane Hoffmann, Verena von Keitz,
Thomas Liesen, Katja Nellissen,
Sascha Ott

1. Auflage Januar 2009
Copyright © 2009 by
Rowohlt · Berlin Verlag GmbH, Berlin
Alle Rechte vorbehalten
Satz aus der Dolly PostScript bei KCS GmbH,
Buchholz bei Hamburg
Druck und Bindung CPI – Clausen und Bosse, Leck
Printed in Germany
ISBN 978 3 87134 629 3

Inhalt

Vorwort 9

MENSCH

Warum sind unsere Kinder heutzutage so groß? 13

Wie träumen Blinde? 15

Wie entsteht ein Ohrwurm? 17

Macht abends essen dick? 19

Warum hört man einer Stimme das Alter an? 21

Warum klappern die Zähne beim Frieren? 24

Gibt es Nachtmenschen? 26

Könnte ein Mensch wie Jesus übers Wasser laufen? 29

Warum machen manche Geräusche eine Gänsehaut? 31

Warum wachsen im Alter Ohren und Nasen? 32

Wieso sieht man Sterne, wenn man zu schnell aufsteht? 34

Kann man unter Wasser schwitzen? 36

Kann man sich bei Durchzug erkälten? 38

Wie kommt es zum Magenknurren? 41

Wie entsteht ein Kloß im Hals? 43

Was ist Fingerknacken? 45

Haben alle Säuglinge blaue Augen? 47

Wie hört man aus Stimmengewirr eine bekannte Stimme heraus? **50**

Warum werden manche Menschen einfach nicht dick? **52**

Reinigt Dreck den Magen? **54**

Warum werden Menschen zappelig, wenn sie aufs Klo müssen? **56**

Wie sinnvoll sind Entschlackungskuren? **58**

Riechen fremde Fürze strenger als eigene? **60**

Warum ist Urin immer gelb, egal, was man getrunken hat? **63**

WELT & ALL

Was passiert Astronauten ohne Anzug? **67**

Was wäre die Erde ohne Mond? **69**

Wo bleibt der Wind, wenn er nicht weht? **71**

Woher kommt das Aprilwetter? **73**

Wie misst man die Höhe von Bergen? **74**

Wie fix steht der Polarstern wirklich am Himmel? **77**

Lässt sich am Nordpol die Zeit anhalten? **79**

Wird die Erde durch Materie aus dem All schwerer? **81**

Sind Asien und Europa zwei Kontinente? **83**

Warum frieren Gewässer von oben zu? **86**

Warum ist der Himmel blau? **88**

Warum schlagen Wellen meistens gegen den Strand? **90**

TIERE & PFLANZEN

Was lässt Hühner nach dem Köpfen weiterlaufen? **95**

Wieso können Käfer Stürze aus großer Höhe überleben? **97**

Überleben beide Hälften eines zerteilten Regenwurms? **99**

Können Tiere unter Wasser riechen? **101**

Warum werden Schildkröten uralt? **104**

Trinken Fische Wasser? **106**

Produzieren Laubbäume mehr Sauerstoff als Nadelbäume? **108**

Was unterscheidet Obst und Gemüse? **110**

Warum legt ein Huhn nahezu jeden Tag ein Ei? **112**

Duften Rosen bei Sonnenschein stärker? **115**

Wieso gibt es im Winter keine Stubenfliegen? **117**

Warum schauen Kühe auf der Weide oft in dieselbe Richtung? **119**

ALLTAG

Warum sind wir morgens größer als abends? **125**

Wie muss man durch den Regen laufen, um möglichst wenig nass zu werden? **126**

Kann eine Flaschenpost vom Rhein bis nach New York treiben? **128**

Warum macht Bügeln die Wäsche glatt? **130**

Warum sind in Elektrokochplatten Mulden? **133**

Wie wird bei einem Fußball das letzte Stück reingenäht? **135**

Warum sprudelt die geschüttelte Mineralwasserflasche über? **137**

Darf man aufgetaute Speisen wieder einfrieren? **139**

Kann Fleisch leuchten? **141**

Darf man Spinat aufwärmen? **143**

Warum muss man oft beim Zwiebelschneiden weinen? **145**

Warum wäscht heißes Wasser besser als kaltes? **147**

Was hilft gegen Knoblauchgeruch? **149**

Warum kann auch die stärkste Pumpe Wasser nur zehn Meter hochsaugen? **152**

Fördern Schnaps und Espresso die Verdauung? **154**

Kann in engen Konferenzräumen der Sauerstoff knapp werden? **156**

Warum drehen sich Räder im Film scheinbar rückwärts? **158**

Woher kommt der Peitschenknall? **160**

Ist Salz wirklich ewig haltbar? **162**

Warum sind Beipackzettel so kompliziert gefaltet? **165**

Warum läuft Wäsche ein? **167**

Warum zählt man beim Tennis 15 – 30 – 40? **169**

ÜBER DIE AUTOREN 173

Vorwort

Einmal in der Woche beschäftigen wir uns in der Radiosendung «Leonardo – Wissenschaft und mehr» auf WDR 5 mit den ganz besonders praktischen Seiten der Wissenschaft. In der Reihe «Die Kleine Anfrage» lösen wir seit vielen Jahren donnerstags Rätsel des Alltags, die Erwachsene und Kinder bewegen. Das Prinzip ist ganz einfach: Hörer fragen, Leonardo antwortet. Und die Fragen gehen den Hörern nicht aus. Tagtäglich kommen neue. Inzwischen haben wir fast eintausend beantwortet; es fiel uns nicht leicht, aus diesem Schatz siebzig für dieses Buch auszuwählen.

Manche Fragen machen selbst die besten Experten zunächst sprachlos. Wer erforscht schon stürzende Käfer, den Weg einer Flaschenpost oder ob man unter Wasser schwitzen kann? Und wer untersucht, wo das Fingerknacken herkommt, warum Kühe auf der Weide in dieselbe Richtung schauen oder wie ein Ohrwurm entsteht? Aber irgendwie schaffen wir es fast immer, das Rätsel zu lösen. Und wenn nicht, ist es zumindest amüsant und erhellend, sich mit den bislang noch nicht gestopften Alltagswissenslücken näher zu beschäftigen. Die scheinbar leichten Anfragen sind eben oft richtig harte Nüsse.

Noch ein Tipp zum Lesen. Machen Sie es wie wir beim Hörerspiel: Bevor unser Radiostück durch den Äther rauscht, rätseln zwei Hörer live in der Sendung, wie die Lösung auf die «Kleine Anfrage» des Tages lauten könnte. Bevor Sie nach der Eingangsfrage weiterlesen, überlegen Sie doch einfach mal, was eine plausible Antwort sein könnte. Wenn Sie so in den Text einsteigen, wird die Entdeckungsreise in die geheimnisvolle Welt der Alltagsrätsel gewiss noch ein Stückchen spannender.

Viel Vergnügen – und allen, die an der «Kleinen Anfrage» und diesem Buch mitgewirkt haben, herzlichen Dank!

Martin Gent

Mensch

Warum sind unsere Kinder heutzutage so groß?

Eine ganz normale fünfte Klasse mit ganz normalen elfjährigen Schülern. Kleine Umfrage unter einigen Kindern: Wie groß seid ihr? Lea: 1,60 Meter. Nina: 1,48. Luisa: 1,55. Und Jan: 1,61. Kinder scheinen immer größer zu werden, kein Zweifel. Tatsächlich beweist auch die Statistik: Dreizehnjährige Mädchen sind heute im Schnitt 158,2 Zentimeter groß, wie Messungen der Universität Jena ergaben. Vor 120 Jahren erreichten Mädchen in diesem Alter dagegen nur 142,5 Zentimeter.

Erwachsene haben ebenfalls zugelegt: Auf durchschnittlich 181 Zentimeter kommen deutsche Männer um die 25, Frauen erreichen 168 Zentimeter. Für beide Geschlechter bedeutet das einen Längenzuwachs von etwa 10 Zentimetern in den letzten 100 Jahren. Allerdings schwanken die genauen Angaben in der Fachliteratur stark. Manche Forscher errechnen ein Plus von 15 Zentimetern, andere nur von 9 Zentimetern. Der Grund: Die Daten aus vergangenen Zeiten sind oft dünn gesät, das gilt vor allem für Frauen. Halbwegs verlässliche Messreihen für Männer – vor allem Rekruten – gibt es erst seit Mitte des 19. Jahrhunderts.

Der Wachstumsschub in der Bevölkerung hat nach Ansicht von Anthropologen vor allem zwei Ursachen: gesündere Ernährung und bessere medizinische Versorgung. «Die Kinder werden viel seltener schwer krank als früher. Sie können daher die Energie, die sie sonst in ihre Genesung stecken müssten, in ihr Wachstum stecken», sagt die Anthropologin Dr. Christiane Scheffler von der Universität Potsdam. Die Ansicht, dass Umweltbedingungen entscheidend sind, wird durch Indizien gestützt. So beobachtete man in der Vergangenheit immer wieder den umgekehrten Trend:

Kinder wurden im Durchschnitt wieder kleiner, wenn sich die Lebensbedingungen verschlechterten. Zuletzt war das nach 1945 der Fall. Nachkriegskinder maßen rund zwei Zentimeter weniger als die Generation, die vor dem Krieg aufwuchs.

Der Zuwachs an Körperlänge bringt aber auch Probleme mit sich, zum Beispiel für die Bekleidungsindustrie. Vielen Menschen passen die klassischen Konfektionsgrößen nicht mehr. Daher laufen derzeit Vermessungsprojekte mit Tausenden von Bundesbürgern. Erstes Ergebnis: Die Beine haben überproportional an Länge zugelegt. Und: Das Ende des Wachstums naht. In vielen Ländern hat es sich bereits verlangsamt, in den USA ist es zum Stillstand gekommen.

Wissenschaftler glauben, dass dafür die Gene verantwortlich sind. Ihre Theorie: Gene setzen bei jedem Menschen eine Obergrenze für den Wuchs nach oben. Durch optimale Lebensbedingungen lässt sich dieser genetische Spielraum weitgehend ausnutzen, aber nicht überspringen. Die Gene sollen es auch sein, die einzelne Bevölkerungsgruppen unterschiedlich groß werden lassen, obwohl sie unter annähernd gleichen Bedingungen leben. So sind deutsche Männer kleiner als holländische, aber größer als Franzosen. Schweden überragen wiederum die Italiener. Insgesamt lässt sich ein Gefälle von Westen nach Osten und von Norden nach Süden feststellen.

Aber was immer der wahre Grund sein mag, warum Kinder in vielen Ländern immer größer werden: Körperlänge gilt als chic – zumindest bei Männern. Lange Kerls sollen auf Frauen attraktiver wirken und sogar bessere Karrierechancen haben.

Wie träumen Blinde?

Zunächst einmal vorweg: Prinzipiell träumen blinde Menschen genauso wie sehende. In ihren Träumen erleben sie mal mehr, mal weniger realistische Szenen und verarbeiten die Erlebnisse des Tages wie alle anderen Menschen auch. Allein die Art und Weise, mit der sie diese Szenen wahrnehmen und davon berichten, unterscheidet sich von den Traumbeschreibungen Sehender. Wie Blinde ihre Träume erleben, das ist bei jedem Einzelnen verschieden und unter anderem davon abhängig, in welchem Alter man blind wurde.

Menschen, die erst als Teenager oder Erwachsene erblindet sind, berichten oft davon, dass sie im Traum noch sehen können. Allerdings erzählen sie auch, dass diese optischen Eindrücke im Lauf der Zeit seltener werden. Dafür steigt in ihren Träumen die Bedeutung der anderen Sinneswahrnehmungen. Sie erinnern sich dann beim Aufwachen viel deutlicher daran, was sie während ihres Traums gehört und gefühlt haben, als an Bilder. Der Grund dafür liegt in ihrem Gehirn. Wenn das Sehzentrum nicht mehr gebraucht wird, «vergisst» es nach und nach die Eindrücke, die es gespeichert hat. Andere Sinnesempfindungen rücken in den Vordergrund. Hören, Riechen und Fühlen werden wichtiger, wenn es darum geht, die Umwelt wahrzunehmen. So ist es auch im Traum. Späterblindete berichten davon, dass sie mit der Zeit Farben oder Formen verschiedener Gegenstände vergessen haben.

Bei Menschen, die von Geburt an blind sind, ist die Lage etwas komplizierter. Bis vor ein paar Jahren war die Wissenschaft der festen Überzeugung, dass sie in ihren Träumen nichts sehen können, schließlich hat ihr Gehirn die Verarbeitung von Bildern nie gelernt. Ohne optischen Reiz, so die Argumentation, kann das Gehirn kein funktionierendes Sehzentrum aufbauen, und deshalb können im Gehirn dieser Blinden keine Bilder entstehen. Zu dieser Theorie passt das, was die meisten geburtsblinden Menschen von ihren Träumen erzählen. Nachts erleben zwar auch sie ganz normale Szenen mit «Handlung», aber sie berichten ebenso, dass sie darin nichts sehen können. In ihren Träumen nehmen sie die Wärme der Sonne auf ihrem Gesicht wahr, den Geruch einer Wiese, die Stimme eines Menschen, aber keine Farben und Formen.

Eine Studie der Medizinischen Fakultät der Universität Lissabon aus dem Jahr 2002 lässt allerdings Zweifel aufkommen, ob dies tatsächlich in jedem Fall zutrifft. Dort wurden zehn von Geburt an blinde Menschen während des Schlafs untersucht und hinterher nach ihren Träumen befragt. Das Erstaunliche: Einige der Probanden waren nicht nur in der Lage, ihre Träume zu beschreiben, sie konnten ihre Traumbilder am nächsten Morgen sogar zeichnen. Außerdem zeigten die während der Nacht gemessenen Hirnströme, dass auch bei den blinden Menschen während des Träumens jener Bereich der Hirnrinde aktiv war, der normalerweise für die Verarbeitung optischer Sinneseindrücke zuständig ist.

In ihrer Studie kamen die Wissenschaftler daher zu dem Schluss, dass geburtsblinde Menschen durchaus in der Lage sind, sich Bilder vorzustellen. Sie vermuten, dass das Gehirn, das ja über Ohren, Nase und Tastsinn sehr viele Informationen zu Größe, Form und Beschaffenheit eines Gegenstands sammeln kann, aus diesen Daten eine Art Scheinbild erstellt. Vielleicht träumen also manche Menschen, die nie sehen konnten, in selbstgemachten Bildern.

Wie entsteht ein Ohrwurm?

Der gemeine Ohrwurm ist ein geheimnisvolles Wesen: Oft entsteht er unverhofft, seine Herkunft weiß er zu verschleiern, und gezielten Zuchtversuchen von Musikproduzenten entzieht er sich mit großem Geschick. Doch Musikwissenschaftler haben zumindest ein Phantombild des Ohrwurms entworfen: Demnach zeichnet er sich aus durch eine einfache und eingängige Melodie, einen leicht zu merkenden Text, und er ist kurz – in der Regel nicht länger als 15 Sekunden. Außerdem ist er meist ständig zu hören, ob im Radio oder sonst wo.

Je häufiger ein Lied gespielt wird, desto bekannter ist seine Melodie auch für unser Gehirn, und umso größer ist die Chance, dass die Melodie zum Ohrwurm wird. Handelt es sich um eine angenehme Melodie, fällt ein Ohrwurm meist gar nicht auf. Die meisten Menschen schenken ihm erst dann Aufmerksamkeit, wenn er nervt – etwa, wenn ein Jazz-Liebhaber von einem Pop-Schlager drangsaliert wird.

In der Regel schlüpft der ungebetene Gast dann ins Ohr, wenn man entspannt und vielleicht auch ein bisschen müde ist. Etwa, wenn man auf dem Balkon im Liegestuhl vor sich hin döst und in ebenjenem Moment ein Auto mit offenem Fenster vorbeirauscht, aus dem laute Musik dröhnt. Das Gehirn speichert den Melodieschnipsel und entwickelt daraus eine Dauermusikschleife, der man stunden- und manchmal sogar tagelang kaum entkommt.

Neurowissenschaftler, die die Verarbeitung von Musik im Gehirn untersuchen, vermuten, dass sich die Melodie eines Ohrwurm-Kandidaten selbst verstärkt: Wenn man Musik hört, sind im Gehirn normalerweise andere Bereiche aktiv, als wenn man selbst singt. Beim Ohrwurm scheint es zu einem «Kurzschluss» zwischen diesen beiden Zentren zu kommen. Die Bereiche, die dem Hören zugeordnet sind, aktivieren unbewusst jene, die für das Singen einer Melodie zuständig sind, und umgekehrt. Ein Ohrwurm ist folglich ein Lied, das vom Gehirn heimlich gesungen wird. Und manchmal fängt man ja tatsächlich an, den Ohrwurm zu trällern – zuweilen, ohne es selbst zu merken ...

Die Erforschung des Ohrwurm-Phänomens ist allerdings schwierig, da sich Ohrwürmer nicht gezielt züchten lassen. US-amerikanische Hirnforscher konnten aber nachweisen: Das Gehirn spielt bekannte Melodien automatisch weiter, wenn die Musik plötzlich unterbrochen wird. Die Wissenschaftler schoben Testpersonen in einen Kernspintomographen, der die Aktivität verschiedener Hirnbereiche genau aufzeichnet, und spielten ihnen verschiedene Songs vor. Zwischendrin drehten sie die Lautstärke für einige Sekunden ganz herunter. Wenn die Testpersonen das Lied kannten, arbeitete der Gehirnbereich, der beim Hören aktiv ist, in den Musikpausen weiter – als würde das Lied noch immer erklingen. Bei unbekannten Stücken blieb jener Teil hingegen inaktiv. Das Gehirn versucht also, eine ihm bekannte Melodie zu vervollständigen, wenn sie abbricht. Wenn sich dieser Prozess verselbständigt, ist das Ergebnis ebenfalls ein Ohrwurm.

Deshalb wird man so oft gleich morgens von Ohrwürmern befallen: durch das Radio, das mitten im Song ausgeschaltet wird, weil man ja den Bus noch kriegen muss. Oder im Auto, wenn man sein Ziel erreicht hat und die Musik abwürgt. Das Gehirn versucht dann verzweifelt, das Lied selbst weiterzuspielen. Ein mögliches Gegenmittel: das Stück noch einmal in Ruhe bis zum Ende hören. Oder den Eindruck überdecken mit einem anderen Lied, das ebenfalls eingängig ist, aber völlig anders klingt.

Macht abends essen dick?

Vielen, die sich angesichts der eigenen Leibesfülle leicht unglücklich vor dem Spiegel hin und her drehen, mag Großmutters Rat noch in den Ohren klingen: Iss morgens wie ein Kaiser, mittags wie ein König und abends wie ein Bettelmann! Ist das tatsächlich ein einfaches Patentrezept, um ausreichend Kalorien einzusparen und so endlich wieder den obersten Jeansknopf ohne Probleme schließen zu können? Immerhin versichert auch der eine oder andere Fitnesstrainer mit aufmunterndem Nicken, dass man ganz bestimmt bald die angestrebten Traummaße erreichen werde, wenn man nur späte Mahlzeiten meide, und sämtliche Topmodels der Welt schwören, dass sie ihre schlanke Linie allein dem Verzicht auf abendliche Kalorien zu verdanken hätten. Wie sollte es also nicht wahr sein, wenn doch drei so bedeutende Instanzen übereinstimmend bestätigen: Abends essen macht dick beziehungsweise – was ja noch viel entscheidender ist – abends nichts mehr essen macht schlank?

Aber leider ist es so: Oma, Trainer und Model liegen falsch.

Die Traumfigur allein dadurch zu erreichen, dass man sich nach 20 Uhr jegliche Nahrungsaufnahme versagt, ist eine Illusion. Mehrere Studien haben eindeutig belegt, dass Kalorien, die man sich abends einverleibt, nicht mehr oder weniger ansetzen als die, die jemand tagsüber zu sich nimmt. Unser Verdauungsapparat arbeitet nachts zwar langsamer, aber nicht grundsätzlich anders, und die Kalorien, die wir unserem Körper spätabends zuführen, kann er auch am nächsten Tag noch verwerten. Das Geheimnis des Abspeckens liegt also nicht darin, wann man isst, sondern ausschließlich darin, was und vor allem wie viel man isst. Die Gesamtmenge der pro Tag aufgenommenen Kalorien ist das Entscheidende, nicht die Uhrzeit. Wäre es anders, müssten die Südeuropäer, die traditionell sehr spät essen, allesamt übergewichtig sein, und das sind sie nicht.

Trotzdem liegt in Omas Rat für Diätwillige ein kleines Körnchen Wahrheit. Das Abendessen fällt bei uns nämlich meistens sehr viel opulenter aus als das Frühstück oder Mittagessen, denn beim Abendessen haben wir Zeit. Häufig ist es entspannt und gemütlich, und so essen wir unbewusst viel mehr als eigentlich nötig und trinken vielleicht auch Bier oder Wein dazu. Dem Essen folgt dann der Fernsehabend, bei dem als Snacks Chips und Schokolade weit vor Rohkost und Knäckebrot rangieren. Alles in allem legen wir also abends ein nicht gerade kaloriensparendes Verhalten an den Tag. Deshalb sollten wir beim und vor allem nach dem Abendessen mehr als bei den anderen Mahlzeiten darauf achten, was und wie viel wir essen.

Hungern ist aber nicht nötig. Im Gegenteil: Viele Ernährungsberater raten davon ab, nur zwei üppige Mahlzeiten am Tag zu sich zu nehmen, und plädieren stattdessen für vier oder fünf kleine. Das hat zwar keinen direkten Effekt auf den Erfolg oder Misserfolg von Diäten, denn es zählen, wie gesagt, nur die insgesamt am Tag aufgenommenen Kalorien – unabhängig von der

Anzahl der Mahlzeiten –, es hilft jedoch Heißhungerattacken zu vermeiden.

Wer abends dann noch ein bisschen mehr für sein Wunschgewicht tun will, als nur die Chips wegzulassen, der sollte statt auf Nulldiät lieber auf Sport setzen. Regelmäßige Bewegung lässt die Pfunde schneller und vor allem zuverlässiger verschwinden, als jeden Abend zu hungern, denn durch Sport wird der Energiebedarf des Körpers erhöht. Die aufgenommenen Kalorien werden schnell verbraucht und können nicht mehr im Hüftspeck gespeichert werden.

Warum hört man einer Stimme das Alter an?

Am Telefon oder im Radio ist die Stimme eines Menschen der erste Eindruck, den wir von ihm bekommen. Hören wir sie, machen wir uns gleichzeitig ein Bild des Menschen: Wie groß mag er sein, wie schlank und wie alt? Aber kann man von der Stimme eines Menschen wirklich auf sein Alter schließen? Nicht zwangsläufig, meinen die Experten.

Erzeugt wird die Stimme mit den Stimmbändern im Kehlkopf. Durch den Druck der Atemluft werden die Stimmbänder zum Schwingen gebracht, und Töne entstehen. Bei Kindern sind diese Töne sehr hoch, da Kehlkopf und Durchmesser der Luftröhre noch klein sind. Mit zunehmendem Alter wachsen

die Stimmbänder in die Länge und bieten dadurch mehr Möglichkeiten, die Stimmlippen zu spannen. Durch unterschiedliche Spannung können wir – ähnlich wie bei den Saiten einer Gitarre – unterschiedliche Tonhöhen erzeugen. Bei jungen Männern im Stimmbruch wächst der Kehlkopf durch die Geschlechtshormone deutlich an, und die Tonlage wird eine Oktave tiefer. Bei Mädchen hingegen sinkt die Sprechstimme nur um etwa eine Terz, also zwei Töne, ab.

Aber die Stimmlage hängt nicht nur von der Anatomie, sondern auch von unserem seelischen und körperlichen Befinden ab. Bei extremer Trauer, bei Wut, Müdigkeit oder Angst kann die Stimme sogar total versagen. «Falsche» Atmung, schlechte Körperhaltung und zu häufiges Flüstern sind Gift für die Stimme, genauso wie Rauchen und zu viel Alkohol. Zudem sind die für die Resonanz so wichtigen Hohlräume in unserem Kopf nicht immer gleich. Ganz deutlich ist das zu hören, wenn wir erkältet und die Nasenhöhlen voller Schleim sind.

Es leuchtet also ein, dass nicht nur das Lebensalter unsere Stimme ausmacht. Natürlich unterliegt auch die Stimme einem Alterungsprozess, der ihre Leistungsfähigkeit einschränkt. Physiologisch gesehen sind zwei Phänomene bedeutsam: Das die Kehlkopfmuskulatur haltende Knorpelgerüst des Kehlkopfs verknöchert und verliert dabei an Elastizität, das heißt, der Kehlkopf sackt ab. Auch die Schleimhaut auf den Stimmlippen ist wichtig für eine gute Stimmfunktion. Sie muss gut durchfeuchtet, beweglich und robust sein. Die Schleimhaut ist so aufgebaut, dass sie das häufige Aufeinanderprallen der Stimmlippen sozusagen abfedert. Beim Sprechen geschieht das – je nach Tonlage – etwa sechzig- bis dreihundertmal pro Sekunde. Außerdem sorgt sie wie eine Gummidichtung für ein dichtes und schnelles Schließen der Stimmlippen. Dadurch wird der Klang klar und hell. Doch im Alter reduzieren sich Belastbarkeit und Flexibilität der Schleimhaut. Sie wird trockener, die Stimme klingt belegt. Einschränkungen der stimmlichen Leistungsfähigkeit können bereits ab fünfzig Jahren deutlich in Erscheinung treten. Stundenlanges oder sehr lautes Sprechen ist nicht mehr problemlos möglich. Politiker, die jahrelang flammende Reden geschwungen haben, können sich dann oft nur noch heiser knarzend und gepresst bemerkbar machen. Bei Sängern stellt sich vor allem in höheren Lagen ein unkontrolliertes Vibrieren ein.

Wem jetzt vor Schreck die Stimme versagt, dem sei versichert, dass trotz allem eine gesunde Stimme bis ins hohe Alter den Anforderungen einer normalen Kommunikation vollauf genügt. In den ersten sieben Lebensjahrzehnten ist das Entwicklungspotenzial einer wenig geschulten Stimme so groß, dass die durch natürliche Alterung bedingten Schwächen ohne weiteres ausgeglichen und darüber hinaus Tragfähigkeit, Verständlichkeit, Klang und Ausdruck sogar deutlich gesteigert werden können. Die Stimmen von Männern und Frauen altern übrigens unterschiedlich: Während die Stimme bei Männern im hohen Alter oft deutlich leiser, dünner und höher wird, rutscht sie bei Frauen häufig eine Oktave nach unten. Das alles kann passieren – muss aber nicht! Die wohlklingende, jugendlich wirkende Telefonistin und der sympathische Radiomoderator können also durchaus viel älter sein, als sie sich anhören. Nur Risikobereite sollten deshalb allein von der Stimme eines Menschen auf sein Alter schließen.

Warum klappern die Zähne beim Frieren?

Wenn im Herbst die Temperaturen sinken und der Wind stärker und kühler wird, beginnen wir zu frieren – an den Händen, den Füßen, im Gesicht. Da können wir uns in noch so viele Lagen Pullover, Westen, Jacken hüllen, es nützt einfach nichts: Uns ist kalt!

Unser Körper meldet Alarm, denn Kälte gefährdet die konstante Temperatur von rund 37 Grad Celsius. Sie ist für die Stoffwechselvorgänge und eine optimale Funktion der Organe notwendig. Doch die Körpertemperatur kann nur unveränderlich bleiben, wenn Wärmeproduktion und Wärmeabgabe im Gleichgewicht sind. Und der Körper gibt ständig Wärme an die Umgebung ab – am meisten über den Kopf. Der muss gut durchblutet sein, denn Gehirn, Augen, Ohren und Sprechorgane benötigen viel Energie. Jogger sollten deshalb im Winter eine Mütze tragen, um den Wärmeverlust zu vermindern.

Ist es zu kalt, senden auf der Haut dicht verteilte Kälterezeptoren Impulse an den Hypothalamus im Gehirn. Dieses Mini-Organ von der Größe einer 5-Cent-Münze ist ein wichtiges Verbindungsglied zwischen dem Nerven- und dem Hormonsystem. Es ist bei der Steuerung vieler körperlicher und psychischer Vorgänge von Bedeutung – unter anderem kontrolliert der Hypothalamus die Körpertemperatur. Ab etwa acht Grad Außentemperatur muss unsere Schutzhülle, die Haut, «handeln» und weitere Wärmeverluste vermeiden. Das versucht sie zum Beispiel, indem sie die Körperhaare aufstellt. Früher, als die Menschen noch ein Fell trugen, sammelte sich zwischen den vielen Haaren Luft, und die funktionierte wie ein Wärmepolster. Das klappt heute aufgrund unserer eher spärlichen Behaarung nicht mehr besonders gut, ein Überbleibsel des Fellaufplusterns ist die bekannte Gänsehaut. Auch die Blutgefäße in der Hautoberfläche ziehen sich zusammen. Dadurch fließt weniger warmes Blut durch die äußeren Hautschichten des Körpers, besonders an Händen und Füßen. So spart der Körper Wärme ein. Das Blut wird von den Armen und Beinen in die inneren Organe, das Rückenmark und das Gehirn geleitet, um die lebenswichtigen Funktionen aufrechtzuerhalten. Auch die Schweißdrüsen, die die Haut kühl halten, senken ihre Produktion bis auf nahezu null. Instinktiv legt man die Arme eng an den Rumpf, um die Oberfläche zu verringern – dadurch geht ebenfalls weniger Energie verloren. Der Mensch läuft sozusagen im Energiespargang.

Zusätzlich kann der Körper aktiv mehr Wärme produzieren. Die Herzfrequenz steigt, und die Muskeln vergrößern ihren Anteil an der Wärmeerzeugung von knapp zwanzig Prozent im Ruhezustand auf bis zu neunzig Prozent. Zuerst spannen sich die Muskeln an, um Wärme zu bilden. Wenn das nicht reicht, beginnt man am ganzen Körper zu zittern – unwillkürlich ziehen sich die Muskeln zusammen. Und je stärker das Zittern, desto mehr Wärme entsteht wieder im Körper. Ein extremes Beispiel dafür ist der Schüttelfrost, der bei Krankheiten wie Entzündungen oder Fieber auftritt. Aber normalerweise laufen uns nur Schauer über den Rücken, wir zittern, und die Zähne fangen an zu klappern. Dabei bewegen sich die Muskeln des Wangenbereichs schnell und rhythmisch, die Kiefer schlagen aufeinander – das können wir nicht verhindern, es ist eine reflexartige Funktion, ein Selbstschutzmechanismus des Körpers, der automatisch abläuft.

Ähnliches geschieht nicht nur bei frostigen Außentemperaturen, sondern auch bei starker emotionaler Anspannung. In Stresssituationen ist es wichtig, dass unser Körper gut durchblutet wird, damit er sozusagen immer bereit ist, schnell zu reagieren. Also setzen sich die Muskeln in Bewegung, und manchmal schlagen Ober- und Unterkiefer vor lauter Stress heftig aufeinander – «Heulen und Zähneklappern» eben.

Gibt es Nachtmenschen?

Es ist ja schön, wenn Menschen nur wenig Schlaf brauchen und früh aus dem Bett springen. Doch man fragt sich, warum so viele berühmte menschliche Lerchen – Napoleon, Churchill, Rockefeller – an all denen krittelten, die ihrem Schlafbedürfnis nachgaben und erst am späteren Vormittag fit wurden – wie Goethe und Einstein. Auch viele Sprichwörter reden dem passionierten Langschläfer ins Gewissen: «Morgenstund hat Gold im Mund!» zum Beispiel oder «Der frühe Vogel fängt den Wurm». Da könnte man auf den Gedanken kommen, das Bedürfnis, den Kopf morgens etwas länger auf dem Kissen ruhen zu lassen, hätte etwas mit Faulheit zu tun.

Hingegen würde wohl niemand einer Eule unterstellen, sie sei undiszipliniert, weil sie nachts Mäuse jagt, tagsüber aber nur gelegentlich schläfrig ein Augenlid hebt – und ihr mahnend den Lebenswandel der Lerche vorhalten. Dabei gibt es solche Unterschiede auch bei Menschen: Manche springen morgens um sechs Uhr ohne Wecker aus dem Bett, andere bleiben nachts lange wach und kuscheln sich am liebsten bis zehn Uhr in die Kissen. Und um es gleich vorweg zu sagen: Natürliche Frühaufsteher sind rein zahlenmäßig in der Minderheit. Umfragen zeigen, dass die Deutschen mehrheitlich zu den «leichten Eulen» zählen, also ihrem eigenen Bedürfnis zufolge gegen zwölf oder eins ins Bett gehen würden, um dann bis zum nächsten Morgen um neun oder halb zehn zu schlummern – wenn es ihnen denn möglich wäre.

Dieser Rhythmus ist genetisch vorbestimmt. Im Gehirn eines jeden Menschen tickt nämlich eine sogenannte innere Uhr, die einen Schlaf-Wach-Rhythmus von etwa 25 Stunden vorgibt. Nicht Pendel, Quarz oder Unruh bestimmen ihren Lauf, sondern körpereigene Hormone.

Da aber ein Tag auf der Erde nur 24 Stunden dauert, wird der Rhythmus der inneren Uhr ständig korrigiert. Als Taktgeber spielt vor allem das Sonnenlicht eine Rolle, aber auch der Wecker, die Arbeitszeiten und alle anderen Einflüsse unseres sozialen Lebens. Erst das Zusammenspiel von innerer Uhr und Taktgebern ermög-

licht eine flexible Anpassung an äußere Umstände. Ließe sich die innere Uhr nicht verstellen, könnten Europäer nie zu normalen Zeiten in Kalifornien frühstücken oder in Tokio ins Kino gehen.

Das Kräfteverhältnis von innerer Uhr und äußeren Taktgebern ist jedoch nicht bei allen Menschen gleich. Bei manchen Menschen ist die innere Uhr stärker und lässt sich nicht so leicht verstellen. Auch machen die zahllosen künstlichen Lichtquellen des modernen Alltags der Sonne als Taktgeber Konkurrenz. Zudem ist der Rhythmus bei Nachteulen eher länger als 25 Stunden und bei Frühaufstehern eher kürzer – was bedeutet, dass der nächste Tag bei den einen laut ihrer inneren Uhr später anfängt und bei den anderen früher. Besonders Teenager sind richtige Nachteulen. Die Hormonumstellung in der Pubertät beeinflusst die innere Uhr und verschiebt das Schlafbedürfnis auf eine spätere Zeit. Jugendliche können daher in der Regel gar nicht anders, als bis in die Puppen zu tanzen. Schlafforscher fordern deshalb schon seit langem einen späteren Schulbeginn, denn das zu frühe Aufstehen ist schlecht für die Konzentration und das gesundheitliche Allgemeinbefinden.

Und noch etwas gilt es zu unterscheiden: Nur weil jemand nicht vor zehn aus den Federn kommt, muss er noch lange kein Langschläfer sein – vielleicht geht er ja auch immer erst um vier Uhr früh ins Bett. Und ein Frühaufsteher, der um halb sechs aufwacht, kann sehr wohl seine neun bis zehn Stunden Schlaf brauchen. Schlaflänge und Schlafrhythmus sind nämlich zwei verschiedene Paar Schuhe.

Könnte ein Mensch wie Jesus übers Wasser laufen?

Der Sohn Gottes machte es vor: Während seine Jünger im Boot auf dem See Genezareth Nachtwache hielten, kam ihnen Jesus entgegen – auf dem Wasser gehend. Nachdem sich die Jünger von ihrem Schreck erholt hatten, versuchte auch Petrus, die Gesetze der Physik zu überwinden, und schritt mutig aus dem Boot auf Jesus zu. Doch kurz darauf versank Petrus – aus Mangel an Vertrauen, wie es im Neuen Testament heißt.

Naturwissenschaftler nennen andere Gründe, warum ein Mensch nicht auf der Oberfläche des Wassers herumtänzeln kann: Die Gewichtskraft eines Menschen ist nämlich viel größer als die Kraft der sogenannten Oberflächenspannung des Wassers. Diese Oberflächenspannung wirkt wie eine elastische Haut, weil an der Grenzfläche zwischen Wasser und Luft die Wassermoleküle besonders stark zusammenhalten. Zwischen Wasserteilchen herrschen anziehende und abstoßende Kräfte. Es kommt zu Bindungen zwischen Nachbarteilchen, die aber auch wieder gelöst werden können, weil sich die Wasserteilchen bewegen. Innerhalb des Wassers sind diese Kräfte ausgeglichen; an der Oberfläche aber nicht, denn Luft zieht Wasserteilchen nicht an. An den Wasserteilchen der Oberfläche zieht also eine Kraft ins Innere der Flüssigkeit, und sie bilden eine Art Haut.

Wer nun auf dem Wasser wandeln möchte, darf diesen Zusammenhalt der Wassermoleküle nicht durchbrechen. Und tatsächlich gibt es Lebewesen, die es Jesus gleichtun: Wasserläufer zum Beispiel. Diese Insekten aus der Familie der Wanzen flitzen über Teiche und Seen, indem sie ihr ohnehin schon geringes Gewicht auf sehr lange Beine verteilen und damit die Oberflächenspannung des Wassers zum Laufen nutzen (außer, man wendet den fiesen Trick mit dem Spülmittel an, das die Oberflächenspannung so stark vermindert, dass sich selbst Wasserläufer nicht über Wasser halten können).

Die Beine des Wasserläufers liegen mit bis zu vier Zentimeter Länge auf der Wasseroberfläche auf. Rechnet man die vorderen zwei der insgesamt sechs Beine eines Wasserläufers nicht mit – sie tauchen bei der Jagd nach Beute ins Wasser ein –, liegen bei einem großen Wasserläufer durchaus sechzehn Zentimeter Bein auf der Teichoberfläche. Zusätzlich vergrößert sich die Oberfläche seiner Beine durch die zahlreich daran befindlichen Härchen. Bei dieser Auflagefläche dürfte sich ein Wasserläufer sogar ein Gramm Körpergewicht anfuttern, ohne unterzugehen. Tatsächlich wiegt ein Wasserläufer deutlich weniger und ist weit davon entfernt, die Oberflächenspannung des Wassers zu durchschneiden.

Nimmt man nun den Wasserläufer als Vorbild, müsste der Mensch seinen Umriss gewaltig verändern, um das Wasserwunder zu wiederholen. Es geht schließlich darum, die eigene Körpermasse zu verteilen – und zwar so, dass pro Fläche das Gewicht des Körpers geringer ist als die Kraft der Oberflächenspannung. Bei einem Gewicht von fünfzig Kilogramm bräuchte ein Mensch eine Beinlänge von insgesamt viertausend Metern, die auf dem Wasser aufliegt. Das würde entweder zwei Füße mit einer Länge von jeweils zwei Kilometern bedeuten – oder aber unzählige Füßchen.

Der See Genezareth, auf dem Jesus sein Wunder vollführte, misst an der längsten Stelle einundzwanzig Kilometer. Um ihn zu durchqueren, würden sich die zwei Kilometer langen Füße anbieten – denn so wäre man mit zehn flotten Schritten auf der anderen Seite.

Warum machen manche Geräusche eine Gänsehaut?

Allein schon die Vorstellung: Kreide schabt quietschend über eine Tafel – da stehen einem sofort die Nackenhaare zu Berge. Fast noch besser: große, glatte Styroporteile gegeneinanderreiben. Dabei sind das eigentlich vollkommen harmlose Sachen. Dass diese Geräusche dennoch so drastisch wirken, hat etwas mit dem menschlichen Bedürfnis nach harmonischen Klängen zu tun. Es ist eine besondere Eigenschaft des Ohrs, dass jeder Mensch ein Gemisch von Tönen nur dann als angenehm oder schön empfindet, wenn dessen Frequenzen in einem bestimmten harmonischen Verhältnis zueinander stehen. Dabei spielt es keine Rolle, ob man besonders musikalisch ist oder nicht. Ausnahmslos jeder empfindet es als unangenehm, wenn eine völlig unharmonische Klangmischung das Trommelfell beleidigt.

Das Kratzen auf der Tafel ist dabei ein Paradebeispiel für ein höchst dissonantes Tonchaos. Und es ist durchaus bemerkenswert, wie empfindlich das menschliche Ohr reagiert. Im Vergleich zum Auge verfügt es über eine viel bessere Trennschärfe. Das Gehör nimmt schon geringste Abweichungen in der Tonfrequenz wahr, während das Auge nur relativ grob Lichtfrequenzen und damit einzelne Farbtöne voneinander unterscheiden kann.

Das ist allerdings nur ein Erklärungsversuch für die unangenehmen Empfindungen bei schrägen Geräuschen. Wer sich die Reaktion des Körpers anschaut, kommt einer weiteren Erklärung auf die Spur: Die Haare stellen sich auf, die Gänsehaut entsteht. Ein Reflex, der in grauer Vorzeit, als noch dichtes Fell den Körper bedeckte, eine wichtige Funktion hatte. Durch die aufgestellten Haare wirkte man größer, und das sollte Feinde beeindrucken.

Aber warum so eine archaische Drohgebärde ausgerechnet beim Hören unangenehmer Geräusche? Offenbar verbindet unser Ohr diese irgendwie mit Gefahr. Und nach Ansicht von Forschern aus einem besonderen Grund: Das Ohr hält sie für Warnrufe. Denn zwei Dinge sind für Warnrufe ebenso charakteristisch wie für jene besonders unangenehmen Geräusche: Sie sind dissonant. Und sie haben eine hohe Frequenz. Treten beide Eigenschaften kombiniert auf, lässt uns das praktisch nie kalt. Ob wir ein Buch lesen, uns auf die Arbeit konzentrieren oder sogar schlafen – wenn ein schräges, sehr hohes Geräusch unser Ohr erreicht, fahren wir auf. Das kann ein gellender Kinderschrei sein, der Warnruf eines Tiers oder der Klang von splitterndem Glas. Wegen seiner zentralen Rolle als Warnorgan informiert uns das Ohr ständig über die Umwelt, es schaltet sich nie ab – im Gegensatz zu den Augen. So viele Gefahren lauern zwar im Alltag nicht mehr auf uns, aber die alten Reflexe, die früher in der Savanne überlebenswichtig waren, funktionieren immer noch.

Warum wachsen im Alter Ohren und Nasen?

Rotkäppchen war misstrauisch. Da lag ihre Großmutter brav im Bett, doch aus ihrem Schlafhäubchen ragten verdächtig große Ohren hervor! Immerhin hatte die vermeintliche Oma sofort die Erklärung parat, dass sie Rotkäppchen mit diesen enormen Lauschern besser hören könne. Tatsächlich ließ Rotkäppchen sich an der Nase herumführen – und wurde zum Dank für ihre Gutgläubigkeit vom Wolf verschlungen.

Doch sind große Ohren überhaupt ein klarer Hinweis, dass anstelle der Großmutter ein Wolf im Bett liegt? Wenn man genau hinschaut, scheinen bei alten Menschen Ohren und Nasen tatsächlich oft markant ausgeprägt zu sein: Je mehr Jahre jemand auf dem Buckel hat, desto größer sind die knorpeligen Sinnesorgane. Dass diese Beobachtung nicht aus dem Reich der Märchen stammt, lässt sich sogar belegen. Zwar ist die Datenlage nicht so üppig wie Rotkäppchens Picknickkorb, aber es gibt durchaus einige Studien, in denen Forscher sich die Mühe gemacht haben, das Verhältnis von Gesichtsgröße und Nasenlänge beziehungsweise Ohrgröße bei Menschen unterschiedlichen Alters zu vermessen. Dänische Wissenschaftler veröffentlichten im Jahr 2000 eine solche Studie, mit der sie nachwiesen: Das Verhältnis von Ohrgröße und Gesicht nimmt im Alter zu, die Ohren werden also wirklich größer. Diese Ergebnisse stimmen auch mit den Zahlen einer älteren britischen Studie überein, für die zweihundert Probanden vermessen worden waren. Dabei haben die Forscher die Größenzunahme sogar konkret beziffern können: Etwa ein fünftel Millimeter wachse das Ohr eines Erwachsenen pro Jahr – was bei einem Zeitraum von fünfzig Jahren immerhin einen ganzen Zentimeter ausmacht.

Die Ursachen für dieses Phänomen hat die Wissenschaft bisher eher stiefmütterlich behandelt. Dabei hatte der Heidelberger Pathologe Ernst Schwalbe schon im Jahr 1897 Ohrknorpel von Verstorbenen unter dem Mikroskop eingehend untersucht. Ihm war aufgefallen, dass die Knorpelsubstanz mit zunehmendem Alter einen Elastizitätsverlust erleidet und sich dadurch gewissermaßen entfaltet. Der Knorpel wächst also nicht, sondern verliert seine Biegsamkeit – mit der Konsequenz, dass das Ohr größer erscheint. Das kann man sich so ähnlich vorstellen wie Wellpappe, die eine kleinere Fläche einnimmt als ein glatter Karton. Gut sechzig Jahre nach Ernst Schwalbe legte der Hals-Nasen-Ohren-Arzt Dietrich Pellnitz ebenfalls Knorpel unters Mikroskop und stellte fest, dass sich die Knorpelgrundsubstanz zwischen den einzelnen Knorpelzellen im Alter vermehrt. Dadurch können Ohren tatsächlich «wachsen», weil mehr Füllmasse zwischen den Knorpelzellen eingelagert wird. Dieser Effekt könnte auch die bei Senioren oft vergrößerte Nase erklären.

Einen biologischen Sinn haben die «wachsenden» Ohren und Nasen aber nicht – auch wenn viele Leute annehmen, vergrößerte Ohrmuscheln könnten zum Beispiel Schwerhörigkeit ausgleichen. Hierzu müssten sich die Ohren jedoch ähnlich einem Hörrohr nach vorn ausrichten und eine Trichterform annehmen.

Folglich hatte Rotkäppchen gar keinen Grund, sich über die großen Ohren ihrer betagten Großmutter zu wundern. Vielmehr stellt sich eine andere Frage: Warum ist bis heute eigentlich noch niemandem aufgefallen, dass Rotkäppchen dringend eine Brille brauchte?

Wieso sieht man Sterne, wenn man zu schnell aufsteht?

In der ersten Reihe im Rockkonzert, nach einem unachtsamen Schnitt in der Küche oder beim endlosen Schlangestehen in einem aufgeheizten Raum – das Blut sackt in die Beine, es wird einem flau im Magen, und plötzlich dreht sich alles. Jeder Fünfte erleidet im Laufe seines Lebens einmal akute Kreislaufprobleme bis zur kurzzeitigen Ohnmacht. Aber auch viele, die es noch nie so heftig erwischt hat, kennen die Momente, in denen der Kreislauf spinnt und man sich ganz schnell hinsetzen sollte. Wer morgens allzu abrupt aus dem Bett aufspringt, dem wird nicht unbedingt gleich schwarz vor Augen – im Gegenteil. Oft sieht man sogar etwas, das es in Wirklichkeit gar nicht gibt: Für Bruchteile von Sekunden schießen kleine Lichtblitze durch das Gesichtsfeld. Warum sehen wir Sterne, wenn der Kreislauf wegsackt?

Einen Hinweis auf die Ursache dieses Phänomens finden wir in den meisten Fotoalben. Auf vielen mit Blitzlicht aufgenommenen Fotos zeigen die Gesichter neben einem strahlenden Lächeln auch strahlend rote Augen. Das grelle Blitzlicht ist vom Augenhintergrund reflektiert worden, und der ist besonders kräftig durchblutet, sodass auf dem Foto schließlich ein roter Punkt zu sehen ist. Die Netzhaut des Auges ist auf eine gute Versorgung mit Sauerstoff angewiesen. Deshalb gehören die Augen zu den am stärksten durchbluteten Organen im Körper. Dementsprechend sensibel reagiert der Sehsinn, wenn der Sauerstoff in den Augen knapp wird, weil das Blut in den Magen oder in die Beine gesackt ist. Man könnte annehmen, dass wir einfach nichts sehen, wenn die Augen unterversorgt sind. Dass wir stattdessen Sterne sehen, hängt mit einem Mechanismus in der Verarbeitung der Lichtreize zwischen Augen und Gehirn zusammen.

Stellen wir uns vor, es ist dunkel und wir haben die Augen geschlossen. Dann sollten wir eigentlich absolut nichts sehen. Nachgeschaltet hinter den Sehzellen des Auges liegen aber Nervenzellen, die auch dann, wenn es eigentlich nichts zu sehen gibt, unablässig Signale in Richtung des Sehzentrums des Gehirns senden. Dieses ständige Feuerwerk wird zum Glück normalerweise unterdrückt: Die Sehzellen der Augen schütten dafür bestimmte Botenstoffe aus, die den nachgeschalteten Nervenzellen signalisieren: «Gebt Ruhe! Da ist gar nichts zu sehen.» Wenn nun die Augen nicht genügend Sauerstoff bekommen, können die Lichtsinneszellen ihrer Aufgabe, diese Botenstoffe auszusenden, nicht mehr richtig erfüllen. Die Folge: Die Netzhaut sendet zwar keine Bilder in Richtung Gehirn, aber die nachgeschalteten Nervenzellen beginnen ihr willkürliches Feuerwerk. Und diese Signale nehmen wir dann als Sterne wahr.

So romantisch es auch sein mag, nachts in den Sternenhimmel zu schauen, durch Kreislaufprobleme erzeugte Sterne vor den Augen möchten wir eigentlich so selten wie möglich erleben. Wer einen niedrigen Blutdruck hat, sollte sich daher morgens beim Aufstehen etwas mehr Zeit nehmen und nicht gleich aus dem Bett springen. Und noch ein Tipp für die Momente, wenn während des Tages plötzlich der Kreislauf wegzusacken droht: die Beine im Stehen übereinanderschlagen und gleichzeitig die Finger ineinander verschränken. Dann die Hände fest auseinanderziehen wie beim Fingerhakeln und die Pomuskeln kräftig anspannen. Diese kleine Kreislaufübung kann oft über den flauen Moment hinweghelfen. Wer trotzdem gelegentlich Sterne sieht, der kann sich trösten: Mit niedrigem Blutdruck lebt man statistisch gesehen länger als mit hohem. Und so hat das gelegentliche Sternesehen letztlich auch sein Gutes.

Kann man unter Wasser schwitzen?

Was für eine Wohltat an heißen Sommertagen: rein ins Schwimmbecken und schön abkühlen. Doch wer nicht einfach nur herumplanscht, sondern sich im Wasser ordentlich bewegt, stellt fest: Ausdauerndes Streckenschwimmen oder Aquajogging kann ziemlich schweißtreibend sein. Spürbar ist das besonders, wenn der Kopf dabei aus dem Wasser ragt. Dann fühlt sich das Gesicht nach einiger Zeit warm an, und vermutlich wird man rot – allerdings vor Anstrengung und nicht vor Scham. Außerdem rinnen Tropfen von der Stirn, die nicht aus dem Schwimmbecken stammen, sondern waschechte Schweißperlen sind.

Tatsächlich schwitzt aber auch der Rest des Körpers, nur merkt man unter Wasser nichts davon, weil ja der Schweiß sofort weggewaschen wird. Deshalb galt in der Wissenschaft lange Zeit der Grundsatz: Unter Wasser schwitzt man nicht. Doch einige Untersuchungen an Leistungsschwimmern bewiesen, dass der Körper beim Schwimmtraining sehr wohl Wasser in Form von Schweiß verliert. Dafür wurden Schwimmer vor und nach dem Training gewogen. Dann zog man alle Faktoren ab, die sonst noch zu einer Gewichtsreduzierung beitragen, und übrig blieb ein Gewichtsunterschied, den die Forscher mit Wasserverlust durch Schwitzen erklärten.

Allerdings kann Schweiß unter Wasser seine wichtigste Funktion gar nicht erfüllen – und zwar den erhitzten Körper abzukühlen. Menschen sind ja gleichwarme Lebewesen und müssen ihre Körpertemperatur mehr oder weniger konstant halten. Steigt die Temperatur durch Joggen, Radfahren oder auch Schwimmen an, wird die körpereigene Klimaanlage angeworfen: Über winzige Schweißdrüsen in der Haut wird wässriger Schweiß abgegeben und verdunstet. Dabei entsteht die sogenannte Verdunstungskälte. Wenn nämlich Wasser verdunstet, lösen sich einzelne Wassermoleküle aus dem festeren Verband der Flüssigkeit und entschweben in die Luft. Für den Start in die Luft brauchen sie eine Menge Energie; diese Energie entziehen sie ihrer direkten Umgebung – eben in Form von Wärme. Jedes davonschwebende Schweißmolekül klaut der verschwitzten Haut also ein bisschen Wärme und kühlt den Körper dadurch ab. Wie schnell die Wasserteilchen verduften können, hängt von der Luftfeuchtigkeit der Umgebung ab: Tanzen schon viele Wasserteilchen in der Luft herum, fällt es den Wasserteilchen im Schweiß schwerer, sich aus ihrem Verband zu lösen. Und wenn das ganze Medium um sie herum Wasser ist, haben Schweißtröpfchen keine Chance zu verdunsten – anstatt in den gasförmigen Zustand überzutreten, werden sie lediglich fortgespült.

Dass Schwitzen unter Wasser nicht zur Abkühlung beiträgt, ist jedoch nicht weiter tragisch. Denn die Gefahr, im Wasser zu überhitzen, ist grundsätzlich sehr gering: Wasser leitet Wärme wesentlich besser als Luft – es kann dem Körper ziemlich viel Wärme entziehen und so die Körpertemperatur senken. Das weiß auch jede Wasserratte, die nach längerem Aufenthalt im Wasser irgendwann blaue Lippen hat und zu frieren beginnt.

Verschwendeter Schweiß zeigt sich nicht nur unter Wasser, auch an Land leisten die Schweißdrüsen oft überflüssige Arbeit: Denn wirkliche Kühlung verschafft nur der Schweiß, der unsichtbar bleibt – eben weil er sich durch Verdunstung in Luft auflöst. Jede Schweißperle, die von der Stirn tropft, konnte nicht verdunsten und hat folglich auch wenig zur Kühlung des Körpers beigetragen. Doch zum Glück ist die Überproduktion von Schweiß weder an Land noch im Wasser problematisch, solange die Flüssigkeit durch Trinken wieder ersetzt wird.

Kann man sich bei Durchzug erkälten?

Mehrere junge Menschen sitzen in einem kalten Gang ohne Fenster. Es zieht wie Hechtsuppe. Damit nicht genug: Die armen Teufel haben auch noch nasse Socken an den Füßen. Sie müssen eine halbe Stunde in dem Gang ausharren, ohne ein heißes Getränk oder irgendetwas anderes Wärmendes. Anschließend dürfen sie zwar dem Durchzug entfliehen, müssen aber die nassen Socken noch stundenlang anbehalten.

Keine Folterszene aus einem Krimi, sondern das Design eines wissenschaftlichen Experiments. Es fand vor mehr als fünfzig

Jahren in einer Spezialabteilung der britischen Regierung statt. Die todesmutigen Versuchsteilnehmer waren Medizinstudenten, die sich freiwillig zur Verfügung gestellt hatten. Eine andere Gruppe von Studenten verbrachte unterdessen ihre Zeit in angenehm temperierter Umgebung. Schließlich kam der Höhepunkt des Versuchs: Den völlig durchgefrorenen Probanden wurde eine Flüssigkeit in die Nase geträufelt, die Schnupfenviren enthielt. Gleiches geschah mit denjenigen, die es zuvor mollig warm hatten. Nach ein paar Tagen dann das überraschende Ergebnis: Die Erkältungsrate war unter den durchgefrorenen

Studenten mit den nassen Socken nicht im Geringsten erhöht.

Haben sich also Generationen von Müttern geirrt, die beharrlich davor warnten, sich zu luftig anzuziehen oder gar mit nassen Haaren vor die Tür zu gehen? Offenbar, denn auch andere Experimente legen das nahe. So haben US-amerikanische Forscher ähnliche Versuche mit Strafgefangenen durchgeführt. Sie träufelten ihnen Schnupfenviren in die Nase, nachdem die Probanden ebenfalls unterschiedlichen Umgebungsbedingungen wie Wärme oder Kälte ausgesetzt waren. Auch hier zeigten frierende Studienteilnehmer keine erhöhte Anfälligkeit für Schnupfen.

All diese Experimente haben keinen eindeutigen Zusammenhang zwischen Frieren und Erkältungshäufigkeit nachweisen können. Vielmehr müssen zwei Voraussetzungen zusammentreffen, damit ein Mensch sich überhaupt erkälten kann. Erstens: Er muss mit Schnupfenviren in Kontakt kommen. Auch ein noch so stark frierender Mensch kann sich nicht erkälten, wenn kein anderer in der Nähe ist, der ihn ansteckt. Zweitens: Das Immunsystem muss so geschwächt sein, dass es das Virus nicht in Schach halten kann. Der Zustand der Immunabwehr ist dabei durch äußere Faktoren wie Zugluft oder Kälte zumindest kurzfristig nicht beeinflussbar.

Durchaus einen Einfluss auf die Abwehr hat dagegen die psychische Situation eines Menschen. Das haben mittlerweile viele wissenschaftliche Studien bewiesen. Und hier kommen wieder die Mütter mit ihrem (falschen) Glauben ins Spiel: Durch die nassen Haare allein können weder Sohn noch Tochter sich eine Erkältung zuziehen. Aber wenn sie nach unzähligen fürsorglichen Warnungen irgendwann selbst fest glauben, man hole sich so den sprichwörtlichen Tod, dann ist es wahrscheinlicher, dass sie sich tatsächlich erkälten. Mit nassen Haaren. Oder im Durchzug.

Wie kommt es zum Magenknurren?

Welcher Bürogänger kennt das nicht: Eigentlich sollte die Sitzung nur bis elf Uhr dauern. Aber dann wird diskutiert und argumentiert und verworfen, und nichts geht so recht voran – außer der Uhr. Plötzlich ist es halb eins, und irgendwo in der Runde kündet ein Magen davon, dass man um diese Zeit eigentlich längst gemeinsam in der Kantine sitzen wollte: Er knurrt laut und vernehmlich. Wie gelingt es dem Magen, dieses Hungersignal so gezielt auszusenden? Und warum knurrt er nicht auch dann, wenn wir satt und zufrieden sind?

Das Knurren des Magens ist im Grunde eine Luftnummer. Denn es sind feine Bläschen, die sich ihren Weg durch die Magenflüssigkeit bahnen. Die Gase geraten durch Verdauungsprozesse und vor allem durch Hinunterschlucken in den Magen. Jeden Tag verschlucken wir mit der Nahrung etwa ein bis anderthalb Liter Luft. Diese Luft wird nun in Bewegung gebracht durch die wiedererwachende Aktivität der Magenmuskulatur. Wenn es lange nichts zu essen gegeben hat, dann beginnt sie irgendwann, die Säfte im Innern des Verdauungstrakts durchzuwalken. Man nennt diese Bewegungen der Magenwände daher «Hungerkontraktionen». Aber diese Aktivität allein würde noch nicht reichen, um das knurrende Geräusch hervorzubringen.

Hinzu kommt, dass sich im Magen zu dieser Zeit kein zähflüssiger Speisebrei, sondern dünnflüssige Säure befindet. Und die entwickelt, wenn sie von den Muskeln durchgewalkt wird, mit der vorhandenen Luft besonders schön knurrende Bläschen. Diesen Unterschied kann man sich etwa so vorstellen wie beim Pusten mit einem dünnen Strohhalm in Wasser einerseits oder

Tapetenkleister andererseits. Beim Pusten in Wasser entsteht ein Strahl feiner Bläschen, die «knurrend» an der Oberfläche zerplatzen. Beim Tapetenkleister hingegen entsteht nur gelegentlich ein dumpfes Blubb-Geräusch.

Manchmal vernehmen wir aber auch noch nach einer Mahlzeit gurgelnde Geräusche aus der Magengegend. Dabei handelt es sich zumeist nicht um Magenknurren, sondern um Verdauungsgeräusche aus dem Darmtrakt. Hier wird die Nahrung stundenlang herumgewirbelt und durchgewalkt, wobei durch Luftbläschen ganz ähnliche Geräusche entstehen können wie beim Knurren des Magens.

Im Detail wissenschaftlich erforscht ist das Magenknurren im Übrigen noch nicht. Denn ähnlich wie das Seitenstechen ist es ein Körperphänomen, das zwar fast jeder kennt, worunter aber kaum jemand ernsthaft leidet. Was aber nicht behandelt werden muss, wird von den Medizinern auch nur in seltenen Fällen in aller Tiefe untersucht.

Aber was kann man gegen diese peinlichen Geräusche tun? Wird man häufig von Magenknurren geplagt, empfiehlt es sich zunächst, nachzuverfolgen, ob das Knurren vermehrt nach dem Genuss bestimmter Nahrungsmittel auftritt. Die Ursachen können individuell verschieden sein, aber kohlenhydratreiche oder faserreiche Kost kann das Magenknurren befördern – also beispielsweise Salate, Blattgemüse, Blumenkohl oder sein Verwandter Brokkoli.

Früher haben Kirchgänger versucht, während endloser Predigten ihren hungrigen Magen mit Fenchelsamen zu beschwichtigen. Die Samen enthalten ätherische Öle, die bei allerhand Magen- und Darmbeschwerden für Linderung sorgen können. Außerdem lässt sich die Magenmuskulatur zum Beispiel durch eine Tasse Pfefferminztee entspannen. Und als letzte und naheliegendste Vorbeugungsmethode gegen das Magenknurren bleibt natürlich noch:

einfach öfter mal einen Happen essen – und Sitzungen rechtzeitig zu einem Ende bringen.

Wie entsteht ein Kloß im Hals?

Es kann das langerwartete Vorstellungsgespräch für den neuen Job sein, ein Treffen mit der Traumfrau oder eine wichtige Prüfung, die über die Karriere entscheidet. In diesen Momenten macht fast jeder von uns einmal die Bekanntschaft mit dem Kloß im Hals.

Plötzlich ist die Kehle staubtrocken, die Stimme geht weg, und wir haben das Gefühl, dass uns ein Fremdkörper im Hals das Atmen unglaublich schwer macht. Wir kriegen keinen Ton heraus, irgendwie wollen die Stimmbänder nicht in Schwung kommen. Rundfunksprecher haben für solche Fälle eine sogenannte Räuspertaste. Die drücken sie, und schon bekommen die Radiohörer nichts mehr mit von den verzweifelten Versuchen, die Stimme wiederzufinden. Doch alles Schlucken, Husten und Räuspern hilft oft nicht gegen den Kloß im Hals. Plötzlich ist er da, steckt fest und rutscht nicht runter. Es fühlt sich an, als ob sich Unmengen von Schleim angesammelt und zu einem Fremdkörper verdickt hätten. Panik steigt auf.

In den allermeisten Fällen ist es aber ein rein psychologisches Problem. Medizinern ist der berüchtigte Kloß im Hals bestens bekannt. Sie bezeichnen ihn auch als Globussyndrom oder Globus hystericus. Denn der Kloß ist nicht wirklich da – es fühlt sich nur so an. Das Gefühl entsteht im oberen Teil der Speiseröhre, direkt unter dem Kehlkopf, und führt dazu, dass sich die Schluckmuskulatur verkrampft.

Verwandt mit Kloß oder Frosch im Hals sind Wahrnehmungen, die mit «Mir schwillt der Kamm» oder «Ich habe so einen dicken Hals» umschrieben werden. Hervorgerufen wird dieses Gefühl durch Angst, Depression, Aufregung und Wut. Wir befinden uns in einer Stresssituation, der Körper wird in Alarmbereitschaft versetzt. Im Detail passiert dabei Folgendes: Das vom Gehirn aktivierte Nervensystem benachrichtigt die Nebennieren – ein kleines Organ, das wie eine Kappe über den Nieren sitzt. Im Nebennierenmark wird daraufhin das Hormon Adrenalin freigesetzt. Gleichzeitig schüttet das Nervensystem den Botenstoff Noradrenalin ins Blut aus. Beide Hormone verteilen sich blitzartig im Körper. Das Herz schlägt schneller, der Blutdruck steigt, die Muskeln werden optimal mit Sauerstoff versorgt und spannen sich an – bis hin zum sprichwörtlichen Zittern vor Angst. Zugleich wird der Speichelfluss vermindert. Deshalb bleibt einem unter Stress auch sprichwörtlich die Spucke weg. Ebenso werden Zucker- und Fettreserven im Körper mobilisiert. Das Gehirn ist hellwach: Denkleistung und Entscheidungsgeschwindigkeit erhöhen sich enorm. Die Pupillen weiten sich, um mehr Licht durchzulassen. Das Blut wird in die Muskulatur und die inneren Organe umgelenkt, Hände und Füße werden kalt, das Gesicht blass, aber der Körper wird optimal auf Kampf oder Flucht vorbereitet. Die Atmung ist beschleunigt, die Bronchien weiten sich. Kurzfristig kann ein Gefühl von Atemlosigkeit auftreten, Brustdrücken oder eben der Kloß im Hals. Urplötzlich schnürt er die Kehle ab. Das Ziel ist aber letztlich eine optimale Sauerstoffversorgung. Sobald die vermeintliche oder reale Gefahr gebannt ist, ergreift der Körper Gegenmaßnahmen, um zur Ruhe zurückzufinden. Die Botenstoffe werden abgebaut, der Stress lässt nach, wir reagieren zunehmend normaler.

Übrigens ist Stress ein ganz natürlicher Vorgang, den wir auch in positiven Situationen erleben. Zum Beispiel in Momenten großer Freude. So passiert es immer mal wieder, dass Braut oder Bräutigam angesichts des Standesbeamten im entscheidenden Moment das Jawort nicht über die Lippen bringt, weil der Kloß im Hals einfach zu dick ist. Lebensgefahr besteht jedoch nie, und er hinterlässt keine Schäden im Körper. Meistens verschwindet er nach einigen Minuten von ganz allein. Trinken bringt Erleichterung oder Kaugummikauen, auch Entspannungsübungen helfen oder ein kurzer Spaziergang. Am besten sind Verständnis und Zuwendung der Mitmenschen. Nur in ganz seltenen Ausnahmefällen gibt es organische Ursachen für den Kloß im Hals, beispielsweise, wenn mit der Schilddrüse etwas nicht stimmt.

Was ist Fingerknacken?

Es ist schon ein Kreuz mit den Wissenschaftlern: Nichts, aber auch wirklich gar nichts ist vor ihrem Forschergeist sicher. Alles können sie uns erklären, überall und immerzu. Sie analysieren das Licht entfernter Sterne, als käme es von ihrer Schreibtischlampe, lassen noch die kleinsten Bauteile der Materie in wahnwitzigen Beschleunigeranlagen aufblitzen und lesen im Genom von Mensch und Tier wie in einem offenen Buch. Woher wissen diese Labormenschen das alles? Und wie können sie sich immer so sicher sein? Das ist frustrierend für uns alle, denen oft genug schon die kleinen, gewöhnlichen Dinge des täglichen Lebens ein Rätsel sind.

Zum Beispiel das Fingerknacken, mit dem manche Zeitgenossen uns so genüsslich erschrecken. Deshalb hier gleich vorweg und ganz geradeheraus die wohl schönste unter all den klugen Antworten auf die kniffligen Fragen dieses Buches. Die Antwort der Wissenschaft auf die Frage «Was ist Fingerknacken?» lautet: «Wir wissen es nicht!» Fast möchte man nun sagen: Dieses Rätsel ist also doch noch nicht geknackt. Aber so leicht geben sich die Welterklärer aus den Labors nicht geschlagen. Immerhin gibt es eine Theorie. Genauer gesagt, es gibt gleich mehrere Theorien, und leider kann niemand mit Sicherheit sagen, welche nun tatsächlich die richtige ist.

Die am häufigsten vertretene Theorie besagt, dass durch die Spannung in den Gelenken aus der Gelenkflüssigkeit heraus kleine Gasblasen explodieren. Wenn man die Finger dehnt und dadurch die Räume zwischen den Knochen vergrößert, dann bilden sich winzige Bläschen in der Gleitflüssigkeit der Gelenke, die dann mit einem knackenden Geräusch zerplatzen. Solche Gasbläschen konnten Mediziner bereits an anderen Stellen nachweisen, beispielsweise mit Hilfe von Röntgenuntersuchungen an Bandscheiben.

Das ist, wie gesagt, bisher nur eine Theorie. Eine andere Möglichkeit wäre, dass die beweglichen Sehnen, die ja nicht nur vorwärts und rückwärts an den Gelenken entlangrutschen, sondern ebenso zur Seite hin bewegt werden können, beim plötzlichen Verschränken und Anspannen der Fingergelenke geräuschvoll an einem kleinen Gelenkgrat hängen bleiben. Die Sehnen könnten auch über kleine Narben rutschen und dabei dieses unangenehme Geräusch wie beim Loslassen eines Flitzebogens erzeugen.

Die dritte Antwortmöglichkeit ist eher unwahrscheinlich, denn sie kann eigentlich nur bei älteren Menschen zutreffen, bei denen sich an den Gelenken bereits kleine Knochenablagerungen gebildet haben. Diese Knochenränder rutschen demnach aneinander vorbei, und so entsteht das Knackgeräusch.

Vielleicht ist das Fingerknacken aber auch der kleine Bruder des berüchtigten «Einrenk-Krachers». Ein verrenkter Hals wird oft von kundiger Hand mit einem kräftigen Ruck eingerenkt, sodass Knorpel, Kapseln und Gelenke wieder an die ihnen zugedachten Positionen rutschen. Dies wird meist von einem angsteinflößenden Knackgeräusch begleitet, bei dem man sich zunächst kaum vorstellen kann, dass die Prozedur tatsächlich der Heilung des Patienten dient. Aber ist das Fingerknacken damit vergleichbar?

Tatsächlich ist es im Grunde kein Wunder und auch keine Schande für die Wissenschaft, dass sie das Rätsel der knackenden Finger noch nicht letztgültig gelüftet hat. Denn es ist schließlich keine Krankheit und wird meist von den «Knackern» selbst absichtlich hervorgerufen.

Haben alle Säuglinge blaue Augen?

«Blaue Augen – Himmelsstern – küssen und poussieren gern!», lautet ein uralter Spruch aus dem Poesiealbum. Blaue Augen sind beliebt, denn der helle Farbton steht in unserer Gesellschaft häufig für Unschuld und Fröhlichkeit, Himmel und Gottheit. Kein Wunder, dass viele junge Eltern überglücklich sind, wenn ihr Neugeborenes sie mit Augen anblickt, deren Farbe so strahlend hellblau ist wie die von Paul Newman oder Terence Hill.

Die Regenbogenhaut oder Iris, die wir sehen, wenn wir dem Kind in die Augen blicken, hat zwei Schichten: Die obere Schicht ist farblos, weich, schwammartig und besteht aus feinen Bindegewebsfasern. Dahinter liegt eine farbige Schicht, das sogenannte Pigmentepithel. Bei Neugeborenen enthält es noch sehr wenig

Farbstoff. Von dem Licht, das auf die Iris trifft, werden im Wesentlichen nur dessen langwellige Bestandteile absorbiert. Die energiereichen, kurzwelligen Lichtanteile werden hingegen reflektiert. So entsteht eine Augenfarbe, die zwischen Violett, Blau, Grau und Grün einzuordnen ist. Aber die typisch blauen Säuglingsaugen müssen nicht blau bleiben, denn in den ersten beiden Lebensjahren kann sich die Augenfarbe durch eingelagerte Pigmente noch deutlich ändern. Wichtigstes Pigment ist das Protein Melanin, das auch die Haut- und Haarfarbe eines Menschen bestimmt. Für die Farbe Blau ist am wenigsten Pigment nötig. In etwas höherer Konzentration wirken die Melaninmoleküle wie ein gelber Filter, der zusammen mit dem blauen Licht zu einer grünen Augenfarbe führt. Braune Augen dagegen sind das Ergebnis von besonders vielen Melaninpigmenten.

Insgesamt hat die Evolution in Gebieten mit kälterem Klima häufiger helle, bläuliche Augenfarben hervorgebracht als dunkle. Das liegt vermutlich ebenfalls am Melanin: Bei einer geringen Zahl dieser Pigmente kann das Sonnenlicht leichter über die Haut aufgenommen und das lebenswichtige Vitamin D besser produziert werden. Andererseits schützt das Melanin die Augen davor, von der Sonne geschädigt zu werden. Deshalb haben sich im Süden dunkelbraune bis fast schwarze Augen stärker verbreitet. Kinder mit blauen Augen sind dort eine Seltenheit. Die Entstehung mancher Farbschattierungen ist bis heute nicht vollständig geklärt. Möglicherweise spielt dabei der Kupferanteil im Melanin eine Rolle.

Eine Besonderheit ist der sogenannte Albinismus: Bei dieser Stoffwechselstörung wird überhaupt kein Melanin gebildet. Die Augen erscheinen rötlich, weil das einfallende Licht von der gutdurchbluteten Netzhaut ungehindert reflektiert wird. Der Albinismus wird in den meisten Fällen von den Eltern vererbt. Auch zwei verschiedenfarbige Augen sind – böse gesagt – ein Gendefekt, freundlicher formuliert, sind sie eine reizvolle Laune der Natur.

Generell sind mehrere Gene der Eltern verantwortlich für die Augenfarbe des Kindes. Aus den Kombinationsmöglichkeiten dieser Gene ergeben sich dann Farbnuancen zwischen Blau, Braun und Grün. Haben beide Partner zum Beispiel braune Augen, ist es eher unwahrscheinlich, dass das Kind blaue hat. Beim erwachsenen Menschen verändert sich die Augenfarbe normalerweise nicht mehr. Es sei denn, es liegt eine schwere Entzündung vor – die bewirkt häufig eine grünliche Verfärbung der Augen. Spezielle Medikamente, die beispielsweise zur Behandlung der Krankheit Grüner Star eingesetzt werden und den Augeninnendruck senken sollen, können ebenfalls zu Farbveränderungen führen. Sie verursachen eine stärkere Melaninbildung, und dadurch werden die Augen dunkler.

Eine beliebte mechanische Methode, seine Augenfarbe zu verändern, sind bunte Kontaktlinsen, die seit einigen Jahren auf dem Markt sind. Damit können selbst braune Augen blau werden – allerdings nicht himmelblau. Aber wie heißt es noch so schön: «Braune Augen sind gefährlich – aber in der Liebe ehrlich!»

Wie hört man aus Stimmengewirr eine bekannte Stimme heraus?

Wenn auf einer Party die Gäste erst einmal richtig in Schwung sind, dann wächst die Geräuschkulisse zu einem lebhaften Stimmengewirr an. Alle reden kreuz und quer, der eine versucht den anderen zu übertönen, ein scheinbar undurchdringlicher Gesprächsbrei wird angerührt. Trotzdem sind wir selbst auf einer lebhaften Party fast immer in der Lage, uns auf einen Gesprächspartner, der auf Armeslänge vor uns steht, zu konzentrieren und seine Worte aus dem Durcheinander herauszuhören. Diese Leistung des menschlichen Gehörs nennt man «Cocktailparty-Effekt». Er ist eines der kniffligsten Rätsel, das unsere Sinne der Wissenschaft stellen. Bereits seit Jahrzehnten versuchen Hörforscher, diese außergewöhnliche Fähigkeit der Ohren zu verstehen und zu imitieren, um sie für Hörgeräte nutzbar zu machen.

Inzwischen weiß man, dass wir in der Lage sind, störende Nebengeräusche um 9 bis 15 Dezibel zu unterdrücken. Dadurch erscheint dann die gewünschte Schallquelle zwei- bis dreimal so laut wie der Umgebungslärm. Entscheidend für dieses Kunststück ist das Zusammenspiel beider Ohren, das sogenannte binaurale Hören. Das bedeutet: Die eintreffenden Geräusche werden in den beiden Ohren nicht unabhängig voneinander verarbeitet, sondern zusammengeführt und miteinander verglichen. In Sekundenbruchteilen ist der Hörapparat dabei in der Lage, auch feinste zeitliche Verschiebungen in den akustischen Eindrücken zu erkennen. Denn ein Störgeräusch von links erreicht das linke Ohr minimal früher als das rechte. Diesen winzigen Zeitunterschied nutzt das Gehör, um die Richtung, aus der die Geräusche eintreffen, zu lokalisieren, und wir können uns bewusst auf eine Schallquelle konzentrieren.

Diese erstaunliche Leistung des menschlichen Hörapparats verstehen die Wissenschaftler bisher erst in ihren Grundzügen, die Details erforscht man ständig weiter. Erst im Jahr 2008 fanden Mediziner aus Heidelberg heraus, dass viel mehr akustische Informationen, als wir bewusst wahrnehmen, vom Hörnerv an das Gehirn weitergeleitet werden. Erst dort wird dann offenbar im Zentralnervensystem ein Teil der Geräuschinformationen ausgefiltert, um die Aufnahmekapazität des Gehirns nicht zu überlasten. Wenig später berichteten Wissenschaftler aus Münster, dass erwartungsgemäß vor allem die linke Gehirnhälfte für die Cocktailparty-Filterung zuständig ist, der Teil des Gehirns also, in dem die Sprachverarbeitung stattfindet.

Moderne Hörgeräte imitieren diesen Effekt mit Hilfe von zwei winzigen Richtmikrophonen, die alle Geräusche am linken und rechten Ohr aufnehmen. Per Funk verständigen sich beide Hörgeräte darüber, welche Töne aufgrund des Zeitunterschieds von den Seiten kommen und welche von vorn, weil sie beide Mikrophone zugleich erreichen. Mit einer speziellen Software in den Hörgeräten können dann die Signale von den seitlichen Störquellen gedämpft und die Stimme des Gesprächspartners vorn verstärkt werden. So kann ein modernes Hörgerät einem Schwerhörigen helfen, auch aus dem Sprachgewirr in einer großen Menschenmenge die richtige Stimme herauszufiltern. Diese technische Imitation des Cocktailparty-Hörens reicht freilich in ihrer Qualität noch bei weitem nicht an die Trennschärfe gesunder Ohren heran. Die Leistung des menschlichen Ohrs ist in diesem Bereich bisher unübertroffen.

Warum werden manche Menschen einfach nicht dick?

Morgens zwei Brötchen, ordentlich mit Butter bestrichen, mittags schon mal zwei Teller Nudeln, abends Brot, Wurst und viel Käse. Dazu ein Bier. Manche meinen, sie nähmen schon zu, wenn sie so einen Speiseplan auch nur lesen. Andere verdrücken tatsächlich solche Mengen und sind dennoch rank und schlank, sogar im fortgeschrittenen Alter. Wie ist das möglich?

Wenn Menschen dick werden, hat das immer die gleiche Ursache: Sie nehmen mehr Energie auf, als sie verbrauchen. Wohlgemerkt: Energie. Wer «viel» isst, nimmt nicht unbedingt viel Energie auf. Ein Blick in Kalorientabellen verdeutlicht das: So enthält eine Riesenportion Kartoffeln von 750 Gramm die gleiche Menge Energie wie eine Tafel Schokolade. Eine große Portion Nudeln von 100 Gramm Trockengewicht enthält die gleiche Menge Energie wie ein Schokoriegel «für den kleinen Hunger». Und

übrigens auch wie ein Müsliriegel, denn Vollkornprodukte sind sehr energiereich, selbst wenn das nicht unbedingt ihrem Image entspricht.

Aber wer viel Energie aufnimmt, wird nicht zwangsläufig dick. Eine mögliche Erklärung: Er oder sie bewegt sich regelmäßig oder treibt Sport. Dabei ist es allerdings nicht einfach, allein durch Bewegung einmal zugelegtes Gewicht wieder zu verlieren. Denn um den Energiegehalt von einer Tafel Schokolade wieder zu verbrennen, muss man rund eine Stunde joggen.

Es gibt auch glückliche Menschen, die ganz ohne Anstrengung oder Askese ihr Idealgewicht halten. Sie gehören zu den schlechten «Futterverwertern». Tatsächlich unterscheiden sich Menschen in der Art, wie sie die aufgenommene Nahrung verwerten. Wie eine Maschine hat der Mensch nämlich einen Wirkungsgrad, das heißt, nur ein Teil der Nahrungsenergie wird in körpereigene Energie umgewandelt. Im Schnitt liegt dieser Wirkungsgrad bei 40 Prozent. Was davon nicht gebraucht wird, wandelt der Körper in Fett um. Wer ein sehr guter «Futterverwerter» ist, hat einen Wirkungsgrad von rund 50 Prozent, legt also tendenziell mehr Energie aus der Nahrung in Form von Körperfett an. Sehr schlechte «Futterverwerter» haben dagegen einen Wirkungsgrad von etwa 30 Prozent. Sie können deutlich mehr Energie durch Essen und Trinken aufnehmen als manch andere, ohne dabei füllig zu werden.

Doch wer jetzt meint, endlich den wahren Grund für seine ständigen Gewichtsprobleme gefunden zu haben (zu guter Wirkungsgrad eben), der macht es sich wahrscheinlich zu leicht. Denn Ernährungswissenschaftler haben bereits in vielen Studien untersucht, wann Menschen dick werden und wann nicht. Sie protokollierten genau, was der Einzelne aß, was er trank und wie viel er sich bewegte. Fast alle diese Studien kommen zum gleichen Ergebnis: Die durchaus vorhandenen physiologischen Unterschiede bei Menschen sind in der Regel nicht dafür verantwortlich, dass der eine dick wird und der andere schlank bleibt. Fast immer liegen die Unterschiede im Ess-, Trink- und Bewegungsverhalten. Sitzende Tätigkeit, kein Sport, mittags Fast Food, nachmittags Kuchen – da kann das Müsli am Morgen nicht viel retten, selbst beim schlechtesten «Futterverwerter». Denn nach wie vor gilt der Satz: Dick wird, wer mehr Energie aufnimmt, als er verbraucht.

Reinigt Dreck den Magen?

Vögel haben keine Zähne. Sie benötigen daher einen besonderen Trick, um ihre Nahrung zu zerkleinern. Sie picken feine Sandkörner auf und schlucken sie hinunter. Auch Papageien, Wellensittiche und andere Ziervögel bekommen diesen Vogelsand, den sogenannten Grit, in ihre Käfige gestreut. Der Vogelmagen knetet das Futter kräftig durch und zerreibt es dabei mit Hilfe der Sandkörner. Bei Vögeln trifft daher im wahrsten Sinne die Redensart «Dreck reinigt den Magen» zu. Auch tropische Fledermäuse wissen um die positiven Effekte von verzehrtem Dreck: Im Jahr 2008 fanden Berliner Zoologen heraus, dass die Tiere Lehm fressen, um sich vor schädlichen Inhaltsstoffen in den Früchten, von denen sie sich hauptsächlich ernähren, zu schützen.

Aber auch Menschen wissen schon seit sehr langer Zeit, dass so ein bisschen Dreck im Magen durchaus seine guten Seiten haben kann. Diese Erfahrung geht mehr als zweitausend Jahre zurück, bis zu den Griechen der Antike. Sie stellten fest, dass auf der Insel Lemnos Magenkranke schneller gesund wurden, wenn man ihnen von der Inselerde zu essen gab. Dieser Effekt wurde später erforscht, und man fand heraus: In manchen Erden sind Mineralien enthalten, Aluminium- oder Magnesiumverbindungen, die die Magensäure neutralisieren können und dadurch einen positiven Effekt auf die Verdauung und auf Magenerkrankungen haben.

Diese Erfahrungen der alten Griechen stehen auch heute noch bei vielen Menschen hoch im Kurs. In den Regalen der Reformhäuser stapeln sich die Pakete mit Heilerde und Lösboden. Die Hersteller versprechen Abhilfe bei Sodbrennen, Durchfall oder Übersäuerung des Magens. Letztlich bewirkt der heilsame «Dreck» aber kaum mehr als eine ausgewogene Ernährung. Er hat im Grunde eine ähnliche Funktion wie Ballaststoffe: Erde kann zwar Fremdstoffe binden, wie zum Beispiel Gallensäuren, Ballaststoffe aus Vollkornprodukten dienen diesem Zweck jedoch genauso gut.

Nicht alle Heilsversprechen, die sich um Lehm und Erde ranken, sind griechischen Mythen oder cleveren Werbesprüchen geschuldet. Wissenschaftler haben längst erkannt, dass im Boden bei weitem nicht nur Dreck, sondern mitunter auch erstaunliche Heilkraft zu finden ist. So gelang es beispielsweise britischen Forschern vor einigen Jahren, aus toten Bodenmikroben einen Impfstoff gegen Asthma zu gewinnen.

In den vergangenen Jahrzehnten hat die Redensart «Dreck reinigt den Magen» eine andere Bedeutung erlangt als zu Großmutters Zeiten. Immer mehr Mediziner gehen davon aus, dass viele sogenannte Zivilisationskrankheiten damit zusammenhängen, dass wir in unserer Kindheit zu wenig mit Dreck in Kontakt kommen. Wissenschaftliche Studien haben gezeigt, dass Kinder, die in einer nahezu keimfreien Umgebung aufgewachsen sind, anfälliger sind gegenüber Allergien und Infekten. Ein gewisses Lernen des Körpers, mit körperfremden Bakterien umzugehen, ist durchaus sinnvoll. Grundsätzlich kann man also ungespritztes Obst aus dem eigenen Garten bedenkenlos auch mal ungewaschen essen. Der Magen wird zwar nicht, wie die Redensart behauptet, von irgendetwas gereinigt, aber schaden sollten die winzigen Krümel Erde an den Erdbeeren auch nicht. Dieser sorglose Umgang mit Dreck hat natürlich seine Grenzen. Auf einer Hundewiese oder mit dem Wasser von abgestandenen Tümpeln sollte man Kinder nicht spielen lassen. Denn obwohl viel Wahres in dieser Redensart steckt – oft genug gilt im Gegenteil: Dreck infiziert den Magen.

Warum werden Menschen zappelig, wenn sie aufs Klo müssen?

Viele kennen diese oder zumindest eine ähnliche Situation: Man hat sich mit Freunden in der Kneipe verabredet. Der erste der Eintreffenden wählt einen schönen großen Ecktisch aus. Nach und nach stoßen immer mehr Freunde zu der Gruppe, sie rücken zusammen und bestellen immer wieder eine neue Runde. Nach einer Weile trifft es dann jene besonders hart, die zuerst gekommen sind. Sie haben vermutlich am meisten getrunken, und wenn dann die Blase drückt, sitzen zehn andere Freunde zwischen ihnen und der Toilettentür. Deshalb hat es nicht unbedingt etwas mit der Musikbeschallung in der jeweiligen Kneipe zu tun, wenn auf diesen Eckplätzen besonders häufig hin und her gerutscht wird. Die Gäste üben sich vielmehr still und heimlich im Beckenbodentraining, verlagern das Gewicht von der einen auf die andere Seite und pressen die Oberschenkel zusammen. Sie fangen an zu zappeln, weil sie den mühsamen Gang zur Toilette noch ein bisschen hinauszögern wollen.

In ihrem Körperinneren laufen unterdessen die Nervenbahnen heiß. In der Blase befinden sich Rezeptoren, die feststellen, wie weit die Blase bereits gedehnt wurde und wie voll sie ist. Diese «Wasserstandsmeldungen» – im wahrsten Wortsinne – geben sie

als Nervenreize ans Gehirn weiter. Dort werden die Reize verarbeitet, und wenn die Nerven melden, dass die Blase sich langsam füllt, sendet das Gehirn seinerseits Reize an den Körper, die signalisieren: Bitte Blase leeren! Diese Signalverarbeitung läuft im vegetativen Nervensystem ab und lässt sich selbst mit enormer Willenskraft nicht beeinflussen.

Allerdings können wir diese körpereigene Aufforderung, auf die Toilette zu gehen, willentlich ignorieren. Denn der Muskel, der die Blase verschließt, unterliegt unserer bewussten Kontrolle, und die Blase selbst ist ein außerordentlich dehnbarer Hohlmuskel. Sie kann bei gesunden Menschen zwischen einem halben und einem Liter Flüssigkeit speichern. Ähnlich wie ihre Besitzer reagiert sie daher in der Regel wohlwollend auf die freundschaftliche Aufforderung: «Komm, einer geht noch!»

Aber irgendwann ist Schluss. Die maximale Dehnung ist erreicht, und der Körper reagiert auf die fortgesetzte Verweigerung mit heftigeren Reizen. Der Druck wird immer stärker, bis es schließlich richtig weh tut. Wer dann immer noch versucht, den Gang zur Toilette weiter aufzuschieben, verfällt unweigerlich in die typischen Zappelbewegungen. Die sind nämlich eine Art Übersprungshandlung, bei der man versucht, den starken Reiz, der einem sagt, man solle jetzt endlich aufs Klo gehen, mit einem anderen, selbstgesetzten Reiz zu überlagern. Ob man hin und her rutscht, auf und ab hüpft oder die Beine zusammenpresst: Die ganze «Ich muss mal ganz dringend aufs Klo»-Gymnastik ist nichts anderes als ein Ablenkungsmanöver. Wir versuchen, durch andere, von uns selbst steuerbare Reize den starken Entleerungsreiz in den Hintergrund zu drängen. Zumindest so lange, bis wir uns durch die überfüllte Kneipe einen Weg zur rettenden Toilettentür gebahnt haben.

Wer länger sitzen bleiben möchte, kann die Kapazität seiner Blase übrigens steigern. Wie bei jedem anderen Muskel lässt sich auch ihre Dehnbarkeit trainieren, und zwar, indem man mit dem Toilettengang immer mal wieder bis zum letzten Moment wartet, bis zur Zappeligkeit eben. Für ausgemachte Sextanerblasen empfiehlt es sich allerdings, dieses Training zu Hause zu beginnen, denn es kann sonst leicht mal in die Hose gehen.

Wie sinnvoll sind Entschlackungskuren?

Wenn man eine Hitliste der guten Vorsätze aufstellen würde, dann wäre auf den obersten Rängen das leidige Thema «Abnehmen» zu finden. Nun gibt es Diäten und Abmagerungskuren wie Sand am Meer. Eine spezielle Form ist jedoch die Entschlackungskur. Eine solche Prozedur dient nicht nur dazu, Gewicht zu verlieren, sondern sie soll den Körper auch reinigen, eben «entschlacken». Doch geht das überhaupt, den Körper entschlacken? Und sind solche Kuren medizinisch gesehen eigentlich sinnvoll?

Fast jede Fasten- oder Entschlackungskur fängt zunächst damit an, dass man ein Abführmittel zu sich nimmt. Angenehm ist das sicher nicht. Aber vernünftig. Denn tatsächlich haben medizinische Studien folgende Tendenz gezeigt: Patientengruppen, die mit den üblichen Mitteln wie Glaubersalz oder Einläufen abführen, haben etwas weniger mit Nebenwirkungen zu kämpfen. Vor allem das Hungergefühl wird unterdrückt, und auch Kopfschmerzen treten während einer Entschlackungskur seltener auf, wenn die Patienten zu Beginn abführen.

Hinzu kommt: Die meisten Teilnehmer einer Kur haben den subjektiven Eindruck, ohne diese Behandlung nicht vollständig «gereinigt» oder «entgiftet» zu sein. Tatsächlich herrschte lange Zeit die Meinung vor, dass durch eine Fastenkur unverdauliche Reste aus Magen und Darm entfernt und Abfallprodukte aus dem Stoffwechsel ausgeschieden werden. Doch gibt es im Darm überhaupt so etwas wie Schlacken? «Wenn man eine Darmspiegelung beim Fasten macht, stellt sich heraus: Es gibt sie nicht», sagt der Internist Dr. Andreas Michalsen von der Ärztegesellschaft Heilfasten und Ernährung. Und es ließen sich auch keine Gifte im Stoffwechsel nachweisen, die man durch eine Fastenkur loswerden könnte. Also alles nur Humbug? Gut fürs Gewissen, aber medizinisch sinnlos? Nicht ganz. «Nachdem wir zunächst die Schlacken aufgegeben haben, sind sie jetzt wieder durch die Hintertür hereingekommen. Es gibt sie – nur anders, als wir uns das bisher vorgestellt haben», erklärt Michalsen.

Neueste Forschungen konzentrieren sich dabei auf bestimmte Eiweiße, die mit Zucker eine Verbindung eingehen. Diese «karamellisierten» Eiweiße finden sich häufig in der Nahrung, zum Beispiel bei krossgebratenem Fleisch, aber auch bei Pommes frites. Ein bekannter Vertreter ist Acrylamid, das sogar als krebserregend gilt.

Diese Eiweiße haben eines gemeinsam: Sie sind gesundheitsschädlich, und der Körper kann sie über Niere oder Leber nur sehr schwer ausscheiden. Aktuelle Studien zeigen nun, dass zumindest beim Fasten die Ausscheidungsrate für diese «Schlacken» zunimmt, es somit tatsächlich zu einer Art Entgiftung kommt. Wie groß dieser Effekt jedoch tatsächlich ist, muss allerdings noch untersucht werden.

Aber unabhängig von der Bedeutung der Schlacken – medizinische Studien haben mittlerweile gezeigt, dass Fasten grundsätzlich einen positiven Einfluss auf den Körper haben kann. Übergewicht baut sich ab, der Cholesterinspiegel sinkt, ebenso der Blutdruck. Österreichische Forscher stellten kürzlich fest, dass sich die Darmflora regeneriert. Und ein US-amerikanisches Wissenschaftlerteam fand heraus: Mormonen sind weniger anfällig für den Herztod als der Rest der amerikanischen Bevölkerung – wohl weil sie regelmäßig fasten.

Riechen fremde Fürze strenger als eigene?

Wenn ein Radiosender Mitsing-Kinderlieder sucht, sind Kreativität und Humor gefragt. Darüber verfügt ohne Zweifel Joachim Bettermann mit «Der Pups»: «Ob Pups, ob Wind, ob Furz, das Wort ist immer kurz. Die Wirkung spürt man lang. Ganz besonders schön ist auch sein Klang.» Der Refrain ist so nett und so kurz, dass ein entscheidendes Detail außen vor bleiben muss: die Frage nach dem Geruch der eigenen Abwinde im Vergleich zu den Fürzen Fremder.

Es geht also ums Riechen, das natürlich auch seine sehr angenehmen Seiten hat. Im Frühling zum Beispiel: blauer Himmel, Vogelgezwitscher, Blütenduft – selbst wenn wir blind und taub wären, wir würden den Frühling am Duft erkennen. Blüten und

Knospen verbreiten ihr betörendes Aroma, und unsere Nase ist fein genug, das alles zu riechen. Aber auch was wir Schmecken nennen, ist eigentlich Riechen. Während nämlich unsere Zunge nur wenige Geschmacksqualitäten unterscheiden kann, bringt es die Nase auf mehrere tausend verschiedene Gerüche. Wie wichtig die Nase ist, um ein delikates Essen wirklich zu würdigen, lässt sich leicht ausprobieren: Augen schließen, Nase zuhalten und versuchen, zum Beispiel eine Kartoffel am Geschmack zu erkennen. Tatsächlich können wir sie kaum von einem Kohlrabi unterscheiden. Auch ein Apfel schmeckt fast wie eine Gurke. Die Nase spielt für unser Leben also eine entscheidende Rolle, selbst wenn wir im Vergleich zu Affen oder Hunden eher schlecht riechen können. Sie ist ein wichtiges Frühwarnsystem, schützt uns vor gefährlichem Rauch, giftigen Gasen, verdorbenen Speisen.

Die Wahrnehmung von Gerüchen ist sehr komplex, der Geruchssinn stellt selbst die besten Forscher noch vor viele Rätsel. Schließlich ist Riechen mit vielen unbewussten Prozessen verbunden und deshalb schwer zu entschlüsseln. Viele Geruchsempfindungen gehen auf sehr direktem Weg ins Gehirn und beeinflussen zum Beispiel über Hormone unsere Verhaltensweisen, ohne dass wir dies bemerken. Zum Beispiel ist inzwischen bekannt, dass der Geruch auch bei der Partnerwahl eine wichtige Rolle spielt. Jeder Mensch dünstet, ohne es bewusst wahrzunehmen, bestimmte Geruchsstoffe aus, die mitbestimmen, wen wir – im übertragenen wie im wörtlichen Sinn – gut riechen können. Welche Geruchsstoffe wir abgeben, liegt fest verankert auf bestimmten Genen – unabhängig von Deos, Seifen oder Parfums. Gute Spürhunde können diesen individuellen Eigengeruch erschnüffeln. Nur bei eineiigen Zwillingen müssen sie passen, sie sind am Duft nicht zu unterscheiden.

Wie wir Düfte bewerten, ist nicht angeboren, sondern anerzogen. Ein Kleinkind empfindet sogar Fäkaliengeruch als nicht sonderlich störend. Erst durch den Einfluss der Eltern – «Igitt, pfui, bäh» – lernt es, Düfte negativ oder positiv zu bewerten. Der Eigenduft spielt dabei noch eine etwas andere Rolle. Da er uns ständig begleitet, gewöhnt sich die Nase an ihn, und wir nehmen ihn überhaupt nicht mehr wahr. Das ist gleichzeitig eine Schutzfunktion, sozusagen ein Überbleibsel aus Urzeiten. Der Eigenduft wird sozusagen ausgeblendet, damit wir andere – vielleicht gefährliche – Gerüche nicht «überriechen». Außerdem wird der Eigengeruch in aller Regel positiver bewertet als ein Fremdduft. Und das erklärt auch, warum man einen fremden Furz fieser findet als einen eigenen, den man ja viel lieber einfach «Pups» nennt.

Warum ist Urin immer gelb, egal, was man getrunken hat?

Ob grüne Waldmeisterbowle, roter Himbeersaft oder klares Mineralwasser: Was oben als bunte Flüssigkeit geschluckt wird, kommt unten als gelber Urin wieder heraus. An der Farbe des Urins ändert das zuvor genossene Getränk in der Regel nichts, außer dass der Harn mal dunkler und mal heller sein kann. Normal ist ein helles Gelb – viele Mediziner sagen auch poetisch «bernsteinfarben».

Gebildet wird der Urin in den Nieren, die den Körper davor bewahren, zu viel Wasser anzusammeln. Beim Wasserlassen befreit sich der Körper aber nicht nur von überschüssiger Flüssigkeit, sondern auch von Abfallstoffen, die die Nieren aus dem Blut filtern. Bekanntestes Abfallprodukt ist der Harnstoff. Allerdings färbt nicht der Harnstoff den Urin gelb – dafür sind sogenannte Urochrome zuständig. Mit diesem Begriff fasst man eine Gruppe verschiedener Substanzen zusammen, die vor allem beim Abbau des roten Blutfarbstoffs Hämoglobin entstehen. Diese Abbauprodukte sind gelb und werden in geringen Mengen mit dem Harn abgegeben. Die Urochrome sind auch in einem anderen Zusammenhang bekannt: Bei der Gelbsucht sammeln sie sich krankhaft im Körper an und färben Haut und Augen gelb.

Kommen nach einem Toilettenbesuch andere Färbungen des Urins ans Licht, kann das unterschiedliche Ursachen haben: Rotfärbung mag ein Hinweis auf eine Blutung sein, kann aber auch auftreten, wenn man Rote Bete gegessen hat. Ein orangefarbener Ton muss ebenfalls nicht bedenklich sein: Bei manchen Menschen färbt sich der Urin nach dem Genuss von Möhren so. Grüner oder schwarzgefärbter Urin kann auf Lebererkrankungen hindeuten. Wer Medikamente einnimmt, mag sein blaues Wunder erleben: Manche Antidepressiva verursachen eine Blaufärbung des Urins. Doch auch das normale, gesunde Gelb ist nicht immer gleich. Je nachdem, wie konzentriert der Urin ist, gibt es dunklere und hellere Gelbtöne. Morgens, nach dem Sport oder wenn man den Tag über wenig getrunken hat, leuchtet er intensiver. Hat man hingegen viel Flüssigkeit zu sich genommen, wird der Urin hellgelb und schließlich wasserklar – selbst dann, wenn man Bier getrunken hat.

Der frisch abgesetzte Urin eines gesunden Menschen stinkt übrigens nicht. Im Gegensatz zum Darm, in dem der Kot von einer ganzen Heerschar Bakterien aufbereitet wird, ist der Weg des Harns nämlich bis zum Ausgang der Harnröhre keimfrei. Erst wenn der Harn ausgeschieden wird, können Bakterien aus der Umwelt den Harnstoff im Urin zu Ammoniak abbauen und somit den stechenden Geruch erzeugen. Eine Ausnahme bringt die Spargelzeit mit sich: Wer nach dem Genuss der wässrigen weißen Stangen aufs Klo muss, dem steigt oft ein intensiver Geruch in die Nase. Was da so riecht, sind Stoffe, die durch den Abbau eines schwefelhaltigen Aromastoffs aus dem Spargel entstehen. Allerdings müffelt Pipi bloß bei etwa jedem zweiten Spargelesser – der Hälfte der Bevölkerung fehlt vermutlich das Enzym, durch das die Stinkestoffe gebildet werden.

Welt & All

Was passiert Astronauten ohne Anzug?

Es ist eine der Schlüsselszenen des legendären Science-Fiction-Klassikers *2001: Odyssee im Weltraum*: Der Astronaut David Bowman hat sein Raumschiff in einer Rettungskapsel verlassen und wird nun vom rebellierenden Bordcomputer HAL an der Rückkehr gehindert. In einer tollkühnen Aktion katapultiert sich Bowman aus der Kapsel in eine Eingangsschleuse des Mutterschiffs, hangelt sich durch bis an einen Hebel, schließt mit ihm die Schleuse von innen und sitzt Sekunden später wohlbehalten bei Normaldruck im Raumschiff. Dabei arbeitet er mehrere Sekunden lang völlig ungeschützt unter den extremen Druck- und Temperaturverhältnissen im Weltraum. Völliges Phantasie-Szenario oder wissenschaftlich fundierte Science-Fiction? In anderen Filmen geschieht genau das andere Extrem: Kaum ist der Astronaut ungeschützt dem offenen Weltall ausgesetzt, zerreißt es ihn in tausend Stücke.

1965 wollte es die NASA genau wissen und machte ein fragwürdiges Experiment: Sie steckte einen Astronauten in einen undichten Raumanzug und setzte ihn einem Unterdruck nahe dem Vakuum aus. Nach 14 Sekunden verlor er das Bewusstsein. Das Letzte, woran er sich später erinnerte, war, dass der Speichel auf seiner Zunge zu kochen begann. Theoretisch also wäre das Kunststück des tollkühnen Astronauten im Film *2001* durchaus im Bereich des Möglichen. Auch wenn man einen solchen ungeschützten Weltraumspaziergang keinem wünschen sollte: Der unmittelbare Explosionstod droht zumindest nicht.

Etwa eine halbe Minute kann sich ein Mensch ohne bleibende Folgeschäden im Unterdruck aufhalten, danach muss er schleunigst wieder auf Normaldruck gebracht werden. Bei einem Aufenthalt im All ohne Raumanzug würde zunächst der extreme Unterdruck nahe dem absoluten Vakuum dafür sorgen, dass die Luft aus den Lungen entweicht, und den Raumfahrer handlungsunfähig machen. In der Folge verdampft durch den Unterdruck das Wasser in den Körperzellen und sprengt die Zellwände. Wasser tritt aus der Haut aus und kühlt den Körper stark ab. Der Astronaut wird sozusagen gefriergetrocknet.

Der Unterdruck ist zwar die größte und tödlichste Gefahr, die einem ungeschützten Astronauten im Weltall drohen würde, jedoch bei weitem nicht die einzige: Die Temperatur liegt nahe dem absoluten Nullpunkt, bei etwa minus 270 Grad Celsius, und kann durch die Sonne leicht auf über 100 Grad ansteigen. Außerdem wird der Körper gefährlicher hochenergetischer Strahlung ausgesetzt.

Lösungen für all diese Probleme bietet der Raumanzug, wie er in immer besseren Ausführungen seit dem ersten Weltraumspaziergang des Kosmonauten Alexei Leonow am 18. März 1965, verwendet wird. Das Modell, das Leonow damals trug, brachte ihn noch in Lebensgefahr. Denn im Unterdruck des Alls blähte sich der Anzug derart auf, dass er bei der Rückkehr nicht wieder durch die Luke der Raumkapsel passte und Leonow in einem waghalsigen Manöver Druck ablassen musste.

Ein moderner Raumanzug versorgt den Raumfahrer heute mit einer erträglichen Druck- und Temperaturumgebung. Er liefert Sauerstoff, führt das ausgeatmete Kohlendioxid ab und schützt weitgehend vor der Strahlung im Weltraum. Die größte Gefahr droht heutzutage bei einem Weltraumspaziergang von winzigen Körnern Weltraumschrott oder -müll, die den Raumanzug aufgrund ihrer enormen Geschwindigkeit durchschlagen können. Da inzwischen die Ausflüge in den Weltraum häufig mehr als sieben Stunden dauern, ist ein moderner Weltraumanzug außerdem mit einer Spezialwindel ausgestattet – für vollständige Sicherheit in der unwirtlichen Umgebung.

Was wäre die Erde ohne Mond?

Was die Erde ohne Mond wäre? Klare Antwort: anders! Langweiliger wahrscheinlich, denn immerhin gäbe es eine ganze Menge schöner und spannender Dinge nicht: keine romantischen Vollmondspaziergänge, keine abenteuerlichen Verschwörungstheorien zu der Frage, ob die Amerikaner jemals auf dem Mond waren oder nicht, keine Hollywoodstreifen über Apollo 13 und nur knapp die Hälfte aller Gutenachtlieder.

Es wäre nachts deutlich dunkler als heutzutage und sogar ein klitzekleines bisschen kälter, denn der Mond reflektiert nicht nur das Licht, sondern auch – zugegebenermaßen in verschwindend geringem Ausmaß – die Wärme der Sonne. Die Wölfe hätten keinen Grund zum Heulen, und die Affen würden nicht wie sonst bei Vollmond unruhig durch die Bäume turnen. Wir hätten keine Vollmondfriseure und keine Geschäftemacher, die Grundstücke auf dem Erdtrabanten verkaufen wollen, und natürlich gäbe es weder Mond- noch Sonnenfinsternis.

Einer der wirklich wichtigen Unterschiede allerdings beträfe das Meer. Denn der Mond zerrt, vereinfacht gesagt, durch seine Anziehungskraft an der Erde und besonders an dem auf ihrer Oberfläche befindlichen Wasser. So entstehen die Gezeiten. Ebbe und Flut, wie wir sie kennen, gäbe es ohne den Mond nicht. Keine Wattwanderung und keine Springflut, alle Meere wirkten so unspektakulär wie das Mittelmeer. Auch die Meeresströmungen wären höchstwahrscheinlich andere, denn für deren Verlauf spielen die Gezeiten ebenfalls eine Rolle.

Außerdem bremsen Ebbe und Flut die Rotation der Erde um ihre eigene Achse. Ohne den Mond würde sich die Erde schneller drehen, unsere Tage wären also kürzer. Wie kurz, das lässt sich nicht ganz genau sagen: vielleicht sechs Stunden, vielleicht zehn. Das hängt davon ab, welche anderen kosmischen Ereignisse sonst noch auf die mondlose Erde einwirken würden. Auf jeden Fall wäre das Leben auf einem solchen Planeten ziemlich rastlos. Man muss es sich nur einmal vorstellen: Gerade hat man sich angezogen und gefrühstückt, um mit dem ersten Tageslicht zur Arbeit zu radeln, da kann man eigentlich schon Feierabend machen, denn die Abenddämmerung ist nicht mehr weit.

Es gibt allerdings auch Theorien, wonach solche Gedankenspiele ganz und gar müßig sind, denn sie gehen davon aus, dass der Mensch auf einer Erde ohne Mond – zumindest bis heute – gar nicht entstanden wäre. Die Argumentation ist folgende: Durch Ebbe und Flut wird der Nährstoffaustausch zwischen Land und Wasser deutlich gesteigert. Ohne Mond, das heißt ohne Gezeiten, gelangen weniger Nährstoffe ins Meer. Deshalb, so die Annahme, hätte sich das Leben im Wasser – und damit auch das auf der gesamten Erde – nicht so schnell entwickeln können, wie es mit Hilfe des Mondes der Fall gewesen ist. Bewiesen sind diese Theorien zwar nicht, trotzdem ist es wahrscheinlich, dass die Lebewesen auf einer Erde ohne Mond andere wären als die, die wir heute kennen.

Eine weitere Wirkung des Mondes ist sein Einfluss auf die Erdachse. Denn noch in einem stärkeren Ausmaß als die Sonne zerrt der Mond an der Achse unseres Planeten und bringt sie ein wenig zum Trudeln. Deshalb wird in ein paar tausend Jahren ein anderer Stern als heute der Nordstern sein. Und er wird an einem Himmel stehen, an dem dann hoffentlich auch weiterhin ein schöner, heller Mond zu bewundern ist – einer, der Verliebte, Dichter, Astronauten und Wölfe gleichermaßen fasziniert.

Wo bleibt der Wind, wenn er nicht weht?

Im Herbst weht er stärker als im Frühling, im Sommer ist er wärmer als im Winter – der Wind. Man kann ihn nicht sehen, aber man erkennt, wie er Blätter und Äste bewegt oder Staub aufwirbelt, und man spürt ihn auf der Haut. Er transportiert Wärme, Feuchtigkeit und Energie. Ohne die Sonne gäbe es keinen Wind und ohne den Wind kein Wetter.

Grundsätzlich ist Wind eine Form von Sonnenenergie. Das Sonnenlicht fällt auf der Erde sehr unterschiedlich ein: senkrecht am Äquator, nur noch wie ein Streiflicht an den Polen. Erde und Luftmassen am Äquator heizen sich auf. Die Warmluft dehnt sich aus, wird leichter und steigt nach oben. Sie hinterlässt ein Tiefdruckgebiet. Andererseits kühlen die Warmluftmassen auf ihrem Weg zu den Polen ab, werden schwerer und sinken auf die Erdoberfläche zurück. Dort entstehen Hochdruckgebiete. Und überall, wo es in unserer Lufthülle Druckunterschiede gibt, versucht die Natur, diese auszugleichen. Das Resultat ist Wind, also bewegte Luft, die in der Re-

gel vom Hoch- zum Tiefdruckgebiet strömt. Global gesehen bildet sich so ein Kreislauf: In der oberen Atmosphäre drängt warme Luft zur Polarregion. Und am Boden strömt kalte Luft zurück zu den Tropen. Ohne Wind wäre es am Äquator noch viel heißer und an den Polen viel kälter.

Die Erdrotation lenkt die Luftströmungen seitlich ab und bringt auch die Hochs und Tiefs zum Kreisen. Sie beeinflusst also die Windrichtung. Auf der nördlichen Halbkugel bewegen sich in einem Hoch die Luftmassen im Uhrzeigersinn um das Zentrum herum, bei einem Tief entgegengesetzt.

Woher und wie stark der Wind weht, ist ein komplexes Wechselspiel aus Wettergeschehen und Erdoberfläche. Meere, Berge, Täler, Wälder und Gebäude – all das hat Einfluss darauf. Die Geschwindigkeit des Windes nimmt in Bodennähe nach oben hin zu, auch die Stetigkeit der Strömung steigt mit der Höhe an. Vollkommen gleichmäßig bewegt sich die Luft jedoch fast nie – bedingt durch die Bodenrauigkeit und vertikal unterschiedliche Lufttemperaturen bilden sich mehr oder minder starke Böen. Deutlichen Einfluss auf den Wind hat auch die Tageszeit. Nachts und im Morgengrauen ist es über Land oft windstill, es fehlt einfach die Sonne, die die Luft anheizt. Aber auch bei schönstem Sonnenschein kann weit und breit Flaute herrschen. Dann befindet man sich in einer Zone fast ohne Luftdruckunterschiede. Die gibt es, aber nicht überall. So ist eines ganz sicher: Irgendwo ist er, der Wind.

Woher kommt das Aprilwetter?

Der April, so steht es im Lexikon, gilt als «Sinnbild des Wetterwendischen». Sonne, Wolken, Wind, Hagel, Regen und Gewitter – das alles wechselt sich in diesem Monat zum Teil mehrmals am Tag miteinander ab, und diverse Bauernregeln bestätigen, dass das keine neue Entwicklung ist. «April, April, der macht, was er will», heißt es zum Beispiel, oder auch: «Aprilwetter und Kartenglück, die wechseln jeden Augenblick.» Woher dieses unstete Wetter kommt? Der nahende Sommer ist schuld.

Im April ist es nämlich endlich geschafft. Die dunklen und eisigen Monate sind vorbei, die Sonne scheint wieder intensiver auf die Nordhalbkugel. Die Tage werden länger und wärmer. In Nordafrika und Südeuropa klettern die Thermometer im April sogar schon wieder auf sommerliche Werte. In Nordeuropa und der Polarregion hingegen ist von diesem schönen Wetter noch nichts zu merken. Dort ist es nach wie vor sehr kalt. Mitteleuropa und damit Deutschland liegt genau auf der Grenze dieser beiden Zonen. Hier breitet sich im April vorsichtig der Frühling aus.

Die Temperaturunterschiede zwischen Nord- und Südeuropa führen dazu, dass die Luftmassen in Bewegung kommen. Warme Luft aus dem Süden fließt in den Norden, von wo aus umgekehrt die kalte Luft in Richtung Süden driftet. Mit starken Winden aus Nordwest dringt dann die zum Teil eisige Luft vom Nordpol über den ebenfalls sehr kalten Atlantik bis auf den Kontinent vor, den die Sonne bereits ordentlich aufgeheizt hat. Dadurch liegen schließlich zwei Luftschichten mit unterschiedlicher Temperatur übereinander: unten die warme Luft und darüber bis in eine Höhe von fünf oder sechs Kilometern sehr kalte Luft – eine Kombination, die nach Ausgleich verlangt.

Ähnlich wie Heißluftballons steigen bei diesen Temperaturunterschieden Warmluftblasen vom Boden in die kälteren Luftschichten auf. Dabei nimmt die warme Luft Wasserdampf mit nach oben – die ganz normale Luftfeuchtigkeit nämlich. Doch je höher die warme Luft steigt, desto mehr kühlt sie sich ab, und desto mehr von diesem Wasserdampf kann kondensieren. Es entstehen immer mehr Tröpfchen, und schließlich formt sich aus ihnen eine mächtige, sich hoch auftürmende Wolke. Innerhalb einer solchen Haufenwolke bildet sich Niederschlag, der, je nachdem, wie kalt die Luft ist, als Regen, Hagel oder Schnee auf die Erde niederprasselt: der typische Aprilschauer.

Doch solche Schauer sind in der Regel schnell vorbei, denn eine Haufenwolke lebt nicht lange. Nach etwa dreißig bis sechzig Minuten fällt sie in sich zusammen und löst sich auf. Dann ist der Weg für die Sonnenstrahlen wieder frei, die die Erde erneut aufheizen können, und das ganze Spiel beginnt von vorn. Erst Ende April oder Anfang Mai, wenn sich die Luftmassen ausgeglichen haben und die Temperaturunterschiede nicht mehr so groß sind, beruhigt sich das Wetter wieder. Es wird stabiler, und die Chancen auf Tage mit warmem, sonnigem Frühlingswetter steigen.

Wie misst man die Höhe von Bergen?

Wie hoch ist der Kölner Dom? Darüber gibt es eigentlich keine Diskussionen. Vom Sockel bis zur höchsten Spitze misst die Kathedrale 157,38 Meter. Wesentlich kniffliger verhält es sich mit der Höhe von Bergen. Wenn jemand fragt: «Wie hoch ist dieser Berg?», dann müsste man genau genommen zurückfragen: «In

Bezug worauf?» Denn für eine Höhenmessung braucht man einen Nullpunkt, von dem man ausgeht. Und da wird die Sache kompliziert. Denn die einzelnen Länder legen für ihre Höhenmessungen ganz unterschiedliche Nullpunkte zugrunde.

Die Ursprünge dieses Durcheinanders sind weit mehr als hundert Jahre alt. Im 19. Jahrhundert hat sich jedes Land für seine Höhenmessungen einen Nullpunkt gesucht. Meist war das der mittlere Meeresspiegel an der nächstgelegenen Küste. So entstand 1879 im Deutschen Reich auch der Fixpunkt «Normalnull». Er orientiert sich am mittleren Wert des Amsterdamer Pegels. Von dessen Höhenniveau aus wurde mit den damals üblichen Methoden der Vermessungstechnik Schritt für Schritt das Höhenprofil der Strecke hinüber bis zur Sternwarte nach Berlin vermessen. Dort wurde eine Markierung angebracht und festgelegt: 37 Meter unterhalb dieses Messpunktes ist Normalnull. In den folgenden zwei Jahrzehnten wurde Stück für Stück das Höhenprofil des ganzen Landes vermessen und jeder Wert auf diesen festgelegten Nullpunkt bezogen.

Andere Länder orientierten sich an verschiedenen Pegeln entlang der Mittelmeerküste: die Österreicher an der Adria, die Italiener am Pegel in Genua, und die Schweizer wählten, genau wie die Franzosen, den Pegel in Marseille. Wider Erwarten sind die Meeresspiegel – sogar entlang der Mittelmeerküste – nicht exakt gleich hoch. Global betrachtet können die Unterschiede mehrere Meter betragen, zum Beispiel durch unterschiedliche Salzkonzentration, Wassertemperatur und Strömungsverhältnisse. Zwischen dem Nullpunkt, den die Schweizer bei ihren Höhenmessungen unter der Bezeichnung «Meter über Meer» zugrunde legen, und dem deutschen Normalnull besteht beispielsweise eine Differenz von 27 Zentimetern. Eine gewisse Berühmtheit erlangte in diesem Zusammenhang die Rheinbrücke in der Nähe des Städtchens Laufenburg: Sie hätte beinahe mittendrin eine Stufe von mehr als einem halben Meter gehabt. Die 27 Zentimeter Pegeldifferenz waren zwar in den Berechnungen berücksichtigt worden – aber fatalerweise mit dem falschen Vorzeichen. So ergab sich eine Differenz von zweimal 27, also insgesamt 54 Zentimetern zwischen schweizerischen und deutschen Ingenieuren.

Aber neben den vielen unterschiedlichen Nullpunkten gibt es noch einen Umstand, der den Vermessern das Leben erschwert: Die Erdanziehung ist nicht an jedem Punkt der Erde gleich. Über einem besonders dichten Boden ist sie minimal höher als über einem Gasvorkommen, und das muss in die Höhenangaben eingerechnet werden. Hier liegt der entscheidende Vorteil der klassischen Höhenvermessungstrupps im Vergleich zu Satelliten.

Im Gegensatz zu den Erdbeobachtern im All entgehen den Vermessern nämlich diese Unterschiede nicht, denn ein modernes digitales Nivelliergerät berücksichtigt die Erdanziehung am Messort. Trotz der hohen Genauigkeit, die Satellitenmessungen inzwischen erreichen, wird es daher auch in Zukunft notwendig sein, auf dem Erdboden Höhenmessungen vorzunehmen. Mit dem dreibeinigen Nivelliergerät und einer Messlatte, fast so wie in den Urzeiten der Vermessungstechnik.

Wie fix steht der Polarstern wirklich am Himmel?

Seit mehr als zweitausend Jahren gilt er als der Leitstern für alle Seefahrer: Polaris, der Nordstern. Er ist ein sogenannter Fixstern, aber wie fix – also fest – steht er wirklich am Himmel? Würden Seefahrer durch viele Jahrtausende hindurch ihr Schiff in die gleiche Richtung steuern, wenn sie nach dem Polarstern navigieren? Die Antwort ist nein, denn im Weltraum gilt ein Grundsatz, und der heißt: Nix ist fix, alles ist in Bewegung. Die Erde dreht sich um sich selbst und dazu noch um die Sonne. Die wiederum bewegt sich um das Zentrum unserer Milchstraße, und auch die trudelt durchs All, das sich im Übrigen immer weiter ausdehnt. Dass einige Sterne am Himmel «fixiert» zu sein scheinen, liegt an der enormen Entfernung, die uns von ihnen trennt. Wir können ihre Bewegung gar nicht wahrnehmen, weil sie Lichtjahre von uns entfernt sind.

Ein Fußgänger, der an einer vielbefahrenen Schnellstraße an einer roten Ampel wartet, wird die Positionsveränderung der Autos sofort bemerken, denn sie rasen unmittelbar vor seiner Nase vorbei. Im einen Augenblick sind sie noch links von ihm, im nächsten sind sie schon rechts hinter der nächsten Kurve verschwunden.

Richtet derselbe Fußgänger seinen Blick in den Himmel, wird ihm ein vorbeifliegendes Flugzeug viel langsamer vorkommen. Obwohl so ein Jet tausend Kilometer in der Stunde zurücklegen kann, scheint er sich, von der Erde aus gesehen, ganz gemächlich über den Himmel zu schieben. Der Winkel, mit dem wir die Bewegung feststellen können, ist nämlich durch die Flughöhe von rund zehntausend Metern sehr klein. Deswegen muss der Düsenjet – im Gegensatz zu den Autos – schon einige Kilometer fliegen, bis wir erkennen, dass er sich bewegt hat. Der Polarstern, einer unserer «Fixsterne» am Himmel, ist rund 429 Lichtjahre entfernt. Er müsste also eine riesige Strecke zurücklegen, damit wir seine Positionsveränderung bemerken, und das schafft er nicht innerhalb eines Menschenlebens. Aber auch der Polarstern ist in Bewegung und keinesfalls fix.

Trotzdem leitet er seit zwei Jahrtausenden die Seefahrer der Erde auf ihrem Kurs nach Norden. Das Besondere am Polarstern ist nämlich seine Position relativ nah bei der gedachten Erdachse, am nördlichen Himmelspol. Man stelle sich eine Orange auf einem Schaschlikspieß vor. Die Orange ist unsere Erde, der Spieß die gedachte Erdachse. Der Polarstern liegt dann sehr, sehr nah an unserem Schaschlikspieß. Das heißt, wenn sich die Orange um den Spieß dreht beziehungsweise die Erde sich um ihre eigene Achse, dann bleibt der Polarstern für einen Beobachter auf der Erde fast immer in der gleichen Position. Bis auf ein Grad genau zeigt er an, in welcher Richtung Norden liegt. Allerdings ist auch das keineswegs fix, denn unsere Erde dreht sich nicht gleichmäßig. Sie trudelt ein bisschen, ähnlich wie ein langsamer Kinderkreisel. Das heißt, das obere Ende des Schaschlikspießes beschreibt am Himmel einen kleinen Kreis. Diese Kreisbewegung dauert sechsundzwanzigtausend Jahre. In dieser Zeit nähert sich die gedachte Erdachse dem Polarstern bis auf ein halbes Grad. Am nächsten kommt er dem tatsächlichen Himmelspol im Jahr

2100. Dann trennt ihn nur noch etwa ein Vollmonddurchmesser von der Erdachse. Danach taumelt diese wieder weg, und dann werden irgendwann andere Sterne dem Himmelspol am nächsten sein und so zum Leitstern für die Nordrichtung werden.

Diese Taumelbewegung der Erdachse hat übrigens deutlich mehr Einfluss auf die «Verschiebung» des Polarsterns als die Eigenbewegung des Sterns selbst. Deshalb würde ein Seefahrer, der sich heute nach dem Nordstern richtet, meilenweit entfernt von dem Punkt landen, den ein Kapitän vor zweitausend Jahren bei gleichem Sternenkurs angesteuert hätte.

Lässt sich am Nordpol die Zeit anhalten?

Zeitzonen gibt es auf der Erde seit 1884. Reger Schiffs- und Bahnverkehr zwischen Ländern und Kontinenten machte es damals erforderlich, das komplizierte System der regionalen Zeit abzuschaffen. Stattdessen einigte man sich darauf, die Welt in vierundzwanzig gleich große Zonen einzuteilen und jedem Land eine einheitliche Zeit zuzuweisen. Nur sehr große Länder erstrecken sich über mehrere Zeitzonen. Für Reisen auf der Erde ist dieses System nach wie vor sehr praktisch, und deshalb gilt es auch in allen Verkehrsmitteln, bis hin zu einer normalen Reiseflughöhe von zehn- bis elftausend Metern. Egal ob Charterflieger oder Linienjet: Immer zeigt der Monitor im Flugzeug dem Reisenden neben der Zeit des Abflugs- und der des Ankunftsorts auch die jeweils gültige Ortszeit in der durchflogenen Zeitzone an.

Im Weltraum eignet sich dieses System allerdings nicht mehr. Die Internationale Raumstation kreist mit knapp dreißigtausend Kilometern pro Stunde um die Erde. Wenn ein Astronaut da jedes Mal die Uhr umstellen wollte – je nachdem, auf welches Land er

gerade hinunterschaut –, müsste er das alle paar Minuten tun. Das wäre nicht nur lästig und eine Verschwendung von teurer Astronautenarbeitszeit, sondern auch eine Quelle von Missverständnissen. Meldungen wie «Houston, wir haben ein Problem. Wir wissen nicht mehr, wie spät es ist!» möchte kein Kontrollzentrum der Welt hören. Deshalb hat man im Weltraum die Zeitzonen abgeschafft und sich darauf geeinigt, die sogenannte koordinierte Weltzeit (UTC) zu verwenden. Sie entspricht der Zeit auf dem nullten Längengrad ohne Sommerzeitverschiebung. Im All ist es also im Winter eine Stunde und im Sommer zwei Stunden früher Mittag als bei uns.

Dasselbe gilt am Südpol, am Nordpol allerdings nicht. Hier ist keine Zeitzone definiert. So könnte ein Reisender, der am Nordpol auf dem Eis steht, ein interessantes Experiment machen. Nehmen wir an, er hat nichts Besseres zu tun, als tagelang in der Kälte durch die Gegend zu spazieren, und läuft dabei im Kreis dicht um den Pol herum.

Das kann sehr praktisch sein, wenn zum Beispiel gerade Silvester ist. Man könnte mit wenigen Schritten in die nächste Zeitzone laufen und jede Stunde aufs Neue die Korken knallen lassen. Allerdings ist irgendwann trotzdem zwangsläufig Schluss mit der Party, denn die Armbanduhr des Polwanderers tickt trotz seines Manövers unaufhörlich weiter. Und nur weil er einen Längengrad verlassen hat, um weiter in Richtung Westen zum nächsten zu spazieren, bleibt deshalb am alten Längengrad die Zeit nicht stehen. Sobald der Wanderer den Ausgangsort wieder erreicht, muss er zwangsläufig die Datumsgrenze überqueren und ist einen Tag weiter, denn am Ausgangspunkt der Wanderung sind – ganz wie auf seiner Armbanduhr – mittlerweile 24 Stunden vergangen. Die Zeit lässt sich nicht anhalten.

Wird die Erde durch Materie aus dem All schwerer?

Wenn die Erde durch das Weltall rast, dann bewegt sie sich nicht durch einen völlig leeren Raum. Dort oben ist es nämlich zum Teil ganz schön dreckig. Da schweben interplanetare Staubwolken durch die Gegend und kreuzen die Umlaufbahn der Erde genauso wie Meteoroide, kleinere und größere Gesteinsbrocken oder Eisenverbindungen. Wenn die Erde nun durch diesen ganzen Weltraumdreck hindurchrauscht, dann sammelt sie dabei einen beachtlichen Teil davon ein. Wie ein Finger, der über ein staubiges Bücherregal fährt, putzt sie das Weltall. Allerdings darf man sich unseren Planeten nicht vorstellen wie einen Staubsauger, der alles ansaugt, was in seine Nähe kommt. Die Anziehungskraft der Erde trägt nämlich nur einen kleinen Teil zu diesem Sammeleffekt bei, viel entscheidender ist schlicht ihre Größe. Ähnlich wie ein Radfahrer, bei dessen Fahrt durch einen Mückenschwarm das eine oder andere Tier auf Trikot und Schutzbrille kleben bleibt, sammelt die Erde den Sternenstaub auf.

Die meisten Teilchen, die sie einfängt, sind nur zehntel Millimeter klein. Ab und zu sind auch einmal ein paar größere Brocken dabei, die einen Durchmesser von ein paar Zentimetern haben können, aber nur sehr selten sind es richtig große Stücke, die bis auf die Erde fallen können. Die meisten Meteoroide verglühen in der Atmosphäre. Das bedeutet allerdings nicht, dass sie dann weg wären. Denn die Elemente, aus denen diese Himmelskörper bestehen, sammeln sich in der Atmosphäre an und werden schließlich durch Wind und Regen doch noch auf den Erdboden befördert.

Um herauszufinden, wie viel da jeden Tag auf uns einprasselt, haben Wissenschaftler den Meeresboden analysiert. Anhand der Elemente aus dem Weltraum, die sie dort fanden, haben sie Hochrechnungen angestellt. Das Ergebnis: Die Erde wird tatsächlich immer schwerer – pro Tag im Durchschnitt um rund sechseinhalbtausend Tonnen. Das entspricht in etwa dem Gewicht von sechseinhalbtausend Kleinwagen. Das klingt vielleicht gewaltig, aber sechseinhalbtausend Tonnen sind gerade einmal gut ein Trillionstel des Eigengewichts der Erde, also nicht wirklich von Bedeutung. Besonders viel Gewicht nimmt die Erde übrigens an den Tagen zu, an denen sie die Laufbahn von Kometen kreuzt, denn deren Schweife sind nichts anderes als jede Menge Staub, den der Komet verliert und der von der Erde eingesammelt wird.

Gravierende Folgen hat diese Sammelleidenschaft nicht. Das Leben auf der Erde nimmt dadurch keinen Schaden. Lediglich die Tage werden ein winziges bisschen länger, denn je mehr die Erde an Gewicht zulegt, desto langsamer dreht sie sich um die eigene Achse. Allerdings ist dieser Effekt so minimal, dass er keinem Menschen je auffallen würde. Erst über Jahrmillionen macht er sich bemerkbar, denn die Erde ist umgekehrt nicht in der Lage, Gewicht zu verlieren. In der Regel bleiben alle Stoffe, die es einmal bis auf die Erde geschafft haben, innerhalb der Atmosphäre. Nur bei einem extrem heftigen Vulkanausbruch oder einem Meteoriteneinschlag wäre es vorstellbar, dass Teile der Erdmasse ins Weltall hinausgeschleudert werden und die Erde wieder leichter wird. Solange das nicht passiert, verliert sie nur jene Masse, die die Menschen selbst mit Raketen in den Weltraum befördern.

Sind Asien und Europa zwei Kontinente?

Wer den Bosporus von Westen nach Osten überquert, der macht nicht nur eine schöne Bootsfahrt und vermutlich das eine oder andere Foto, er wird vielleicht auch zu Hause stolz seinen Freunden erzählen, er habe im Urlaub den Kontinent verlassen und sei bis nach Asien gereist. In Asien war unser Reisender in der Tat, aber viele Geographen würden bestreiten, dass er einen anderen Kontinent betreten hat. Laut geographisch-geologischer Definition ist ein Kontinent nämlich eine große Landmasse, die durch Küsten nach außen abgegrenzt ist, und Europa fehlt diese Küste im Osten ganz eindeutig. Da hängt stattdessen ganz Asien noch mit dran. Geographen sprechen daher auch vom Großkontinent Eurasien, der neben Amerika, Afrika, Australien und der Antarktis den fünften Kontinent der Erde darstellt. Europa und Asien wären nach dieser Definition also zwei verschiedene Erdteile, aber keine zwei verschiedenen Kontinente, genau wie Nord- und Südamerika.

Auch naturgeographisch gesehen gibt es keine Anhaltspunkte, warum Europa ein eigener Kontinent sein sollte. Bereits seit Jahrmillionen bildet es mit Asien eine gemeinsame Landmasse, und die Grenze zwischen den beiden Erdteilen ist sehr willkürlich gezogen. Sie läuft durchs Marmarameer und den Kaukasus und dann am Uralgebirge entlang nach Norden. Dazwischen allerdings klaffen riesige Lücken, und zumindest in diesem Gebiet lässt sich eine Grenze nicht genau festlegen.

Aber woher kommt es dann, dass jedes Schulkind bei uns die fünf Kontinente anders aufzählen würde als ein Geographieprofessor, nämlich als Asien, Afrika, Amerika, Australien und eben Europa? Dafür gibt es zwei Erklärungsansätze, von denen der erste auf einem Irrtum beruht. Es gab früher die These, dass Europa und Asien auf zwei unterschiedlichen tektonischen Platten lägen. Heute weiß man, dass das nicht stimmt, aber vielleicht hat diese falsche Theorie dazu geführt, dass sich die Auffassung verbreitete, es handle sich um zwei Kontinente.

Der zweite Erklärungsansatz gibt die Schuld dem griechischen Geographen, Völkerkundler und Historiker Herodot. Der zeichnete im fünften Jahrhundert vor Christus die erste Weltkarte mit drei Kontinenten: Europa, Asien und Libyen, das damals für Afrika stand. Seitdem gingen viele Entdeckungsfahrten von Europa aus, Land- und Seekarten wurden gezeichnet, und immer lag im Zentrum dieser Karten Europa. Diese europazentrierte Weltsicht der Griechen also könnte auch der Grund dafür sein, warum wir heute Europa als eigenen Kontinent betrachten. Schließlich will man ja nicht unwichtiger sein als die Nachbarn. Die sehen das allerdings ganz anders. Für die Asiaten zum Beispiel gilt Europa nicht als eigener Kontinent, sondern als Teil Eurasiens – als ein kleiner Teil, wohlgemerkt.

Lediglich eine historisch-politische Definition könnte Europa den Status als *terra continiens*, als zusammenhängendes Gebiet und somit als Kontinent noch retten. Danach kann ein Kontinent auch eine Einheit sein, die sich kulturell, religiös, geschichtlich oder politisch deutlich von anderen Regionen der Erde abgrenzt. Ob das für Europa zutrifft und wie dann seine Grenzen verlaufen würden, mag jeder selbst entscheiden. Letztlich bleibt die Antwort auf die Frage, ob Europa ein eigener Kontinent ist, schlicht Definitionssache.

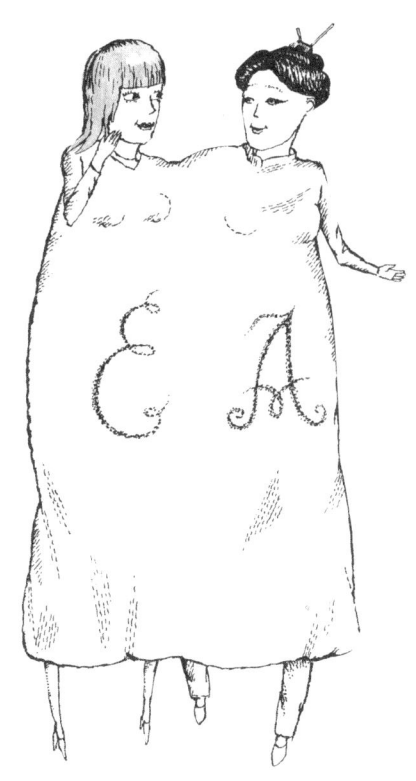

Warum frieren Gewässer von oben zu?

Wenn der Frost sich im Winter einige Zeit hält, bildet sich bald eine Eisschicht auf Pfützen, Teichen oder Seen. Eine solche Eisschicht ruft geradezu danach, auf ihre Dicke getestet zu werden, zum Beispiel mit einem Stein, den man auf die Eisfläche schleudert. Beim Einsatz der eigenen Füße ist aber Vorsicht geboten: Denn unter jeder Eisschicht befindet sich flüssiges Wasser – zumindest in unseren Breiten, in denen die Winterkälte selten so stark ist, dass ein stehendes Gewässer komplett durchfriert.

Dass der Gefriervorgang von oben nach unten erfolgt, liegt an einer physikalischen Besonderheit des Wassers. Normalerweise rücken die Teilchen, aus denen ein Stoff beziehungsweise eine Substanz besteht, bei Abkühlung immer näher aneinander. Der Stoff wird «schwerer», genauer gesagt, seine Dichte wird größer, da sich mehr Teilchen in einem bestimmten Volumen befinden als bei einer höheren Temperatur.

Das Wasser weicht von diesem Gesetz ab: Bis vier Grad Celsius kuscheln sich die Wasserteilchen zwar immer näher aneinander. Doch bei dieser Temperatur haben sie schon ihre höchste Dichte erreicht. Dichter als bei vier Grad über null können Wasserteilchen nicht zusammenrücken; bei weiterer Abkühlung entfernen sie sich wieder voneinander. In einem Kubikmeter vier Grad kalten Wassers sind also mehr Wasserteilchen enthalten als in einem Kubikmeter ein bis drei Grad kalten Wassers – das vier Grad kalte Wasser ist schwerer. In einem Teich sinkt daher vier Grad kaltes Wasser zum Grund und bildet dort eine Art flüssiges unteres Stockwerk, das nicht gefriert. Das ein bis drei Grad kalte Wasser liegt als kühlere Schicht obenauf und kann bei anhaltender Kälte auch gefrieren.

Eis hat eine noch geringere Dichte, ist also leichter als flüssiges Wasser. Im Eis sind die Wassermoleküle zwar in einem Gitter angeordnet, aber nicht dicht gepackt. Ursache sind die unterschiedlichen Ladungen von Wasserstoff- und Sauerstoffatomen der Wassermoleküle. Sie bewirken, dass die Wasserstoffatome nah an den Sauerstoffatomen, aber weiter weg von anderen Wasserstoffatomen liegen. Deshalb schwimmen Eisschollen auf der Wasseroberfläche.

Aufgrund der Anomalie des Wassers können Molche, Würmer, Muscheln und Schnecken die frostige Jahreszeit am Grund eines Teiches dank der vier Grad kalten, aber flüssigen Schicht gut überstehen – auch dann, wenn die kälteren Wasserschichten an der Oberfläche durch anhaltenden Frost gefrieren. Außerdem sorgt sie dafür, dass sich stehende Gewässer in Zonen mit ausgeprägtem Jahreszeitenwechsel zweimal jährlich durchmischen.

Wenn es im Frühjahr nämlich wieder wärmer wird, erreicht das Oberflächenwasser irgendwann die gleiche Temperatur wie das Wasser am Grund, eben vier Grad Celsius. Damit hat der Wasserkörper überall die gleiche Dichte. Zu diesem Zeitpunkt kann schon ein leichter Wind das gesamte Gewässer umwälzen. Mit der Durchmischung gelangt das Wasser aus der Tiefe nach oben und kann sich an der Oberfläche mit frischem Sauerstoff beladen. Auch im Herbst wird der Teich noch einmal ordentlich durchgerührt, wenn die Wassertemperaturen wieder sinken. So wird der lebensnotwendige Sauerstoffvorrat in den Tiefen des Teiches aufgefüllt. Die Lebewesen eines Teiches freuen sich daher – anders als wir Menschen – über einen frühen, stürmischen Herbstbeginn und ein windiges, regnerisches Frühjahr.

Warum ist der Himmel blau?

Nicht immer ist der Himmel, in den wir schauen, himmelblau – aber so haben wir ihn am liebsten. Nicht das fast schwarze Nachtblau, auch nicht das karibisch-kräftige Königsblau, nein, das zarte, helle Himmelblau lässt uns strahlen. Psychologen sagen, es wirke beruhigend auf unsere Seele.

Wie es zum beliebten Blau des Himmels kommt, fällt ins Fachgebiet der Physiker. Und die beschäftigen sich schon seit Jahrhunderten mit dem Phänomen. Viele haben sich an diesem Rätsel die Zähne ausgebissen. Auch Größen wie Leonardo da Vinci oder Isaac Newton sind dem Geheimnis nicht wirklich auf die Spur gekommen.

Der britische Physiker Lord Rayleigh hatte 1871 schließlich die richtige Idee. Die Luft ist es, die den Himmel blau färbt. Das Sonnenlicht gelangt nicht direkt auf die Erdoberfläche. Es muss zunächst die Atmosphäre durchqueren. Auf diesem langen Weg trifft es auf die verschiedensten Teilchen: Staub, Wassertröpfchen und Gasmoleküle wie Sauerstoff und Stickstoff. Das Licht wird an diesen Teilchen abgelenkt, die Physiker sprechen von der Streuung des Sonnenlichts.

Ohne diese Streuung in der Atmosphäre wäre der Himmel wie der Weltraum pechschwarz. Dass er nicht einfach gelblich weiß wie das Sonnenlicht erscheint, sondern blau, liegt daran, dass im Sonnenlicht das ganze Farbspektrum steckt. Die roten, orangefarbenen, gelben, grünen, blauen und violetten Anteile im Sonnenlicht werden unterschiedlich stark gestreut. Am ärgsten trifft es die violett-blauen Anteile des Lichts. Sie sind kurzwelliger und haben deshalb eine deutlich größere Chance, gestreut zu

werden, als beispielsweise langwelliges rotes Licht. Dadurch erreichen uns die violett-blauen Strahlen aus allen Richtungen des Himmels, und das führt dazu, dass der Himmel blau aussieht. Das Blau ist umso intensiver, je sauberer und trockener die Luft ist. Diese Bedingungen herrschen meist bei Kaltlufteinfluss. Ist die Luft feucht und mit vielen Dunst- und Staubpartikeln beladen, werden dagegen auch die langwelligen Anteile des Lichts stärker gestreut: Ein weißlicher oder trüber Himmel ist die Folge.

Aber nicht nur das Blau des Himmels lässt uns innerlich strahlen, sondern auch die Sonne, wenn sie glutrot hinterm Horizont versinkt. Geht die Sonne unter, muss sich das Licht einen sehr langen Weg durch die Atmosphäre bahnen, es trifft häufiger auf Moleküle, die es streuen können. Blaue und grüne Anteile werden so häufig gestreut, dass sie unser Auge kaum noch erreichen. Nur die langwelligeren Anteile des Sonnenlichts dringen zu uns vor und tauchen den Himmel in spektakuläres Rot.

Der Ort mit dem blauesten und klarsten Himmel der Erde, also dem intensivsten Himmelblau, ist laut Forschern des britischen National Physical Laboratory vermutlich Rio de Janeiro. Denn in der Atmosphäre über der Stadt des Zuckerhuts gibt es nur sehr wenige Wassertröpfchen und Staubpartikel, die den Durchtritt des kurzwelligen blauen Lichts stören könnten. Das Resultat: ein besonders strahlendes Blau.

Warum schlagen Wellen meistens gegen den Strand?

Bei einer ausgedehnten Wanderung am Strand einer Nordseeinsel kann man sich nicht nur den frischen Wind um die Nase pfeifen lassen und dem Kreischen der Möwen zuhören, sondern auch etwas beobachten: das «Inselphänomen». Damit ist keineswegs die Erscheinung gemeint, dass Menschen, die auf Inseln leben, häufig besonders eigenwillig und verschroben sind, sondern ein verblüffender Natureffekt, der dem Wanderer beim Blick hinaus aufs Meer irgendwann auffällt: Egal auf welcher Seite der Insel man sich befindet – immer bewegen sich die Wellen geradewegs auf den Strand zu. Steht man am westlichen Ende der Insel, dann kommen die Wellen von Westen, steht man am östlichen Ufer, dann rollen sie von Osten an den Strand. Und das, obwohl der

Wind konstant aus einer Richtung über die Insel pfeift. Es ist, als würden sie von einer unsichtbaren Hand bewegt.

Draußen auf hoher See, dort, wo die Wellen entstehen, ist das anders: Der Wind bläst über die Meeresoberfläche und erzeugt kleine Wirbel, aus denen sich die Wellen bilden. Schaut man von einem Boot aufs Meer hinaus, dann kann man an der Bewegung der Wellen die Windrichtung erkennen. Erst wenn sich die Wellen dem Ufer nähern und die Wassertiefe allmählich abnimmt, kommt ein neuer Effekt hinzu: Wenn eine Welle schräg auf den Strand zurollt, dann wird der Teil der Wellenfront, der sich näher am Strand, also in flacherem Gewässer, befindet, stärker vom Meeresboden abgebremst, und die Welle läuft nach einiger Zeit geradewegs auf die Uferlinie zu.

Um sich den Effekt etwas besser vor Augen zu führen, kann man sich die Welle wie einen Drachenflieger vorstellen, der an einem Berghang landen muss. Wenn der Drachen sich dem Hang aus einem schrägen Winkel nähert, bleibt er irgendwann mit einer Flügelspitze am Berg hängen. Sein Schwung dreht dann den ganzen Drachen zum Berg hin, bis er direkt auf den Hang zufliegt. In ähnlicher Weise wird auch die Welle zum ansteigenden Strand gedreht, wenn sie Kontakt mit dem Meeresboden bekommt. Der Effekt ist durchaus vergleichbar mit der Brechung von Licht an Glas. Physiker nennen diesen Vorgang «Refraktion» einer Welle.

Entscheidend für dieses Phänomen ist also, dass die Wassertiefe zum Ufer hin langsam abnimmt. Anders sieht es an einer steilen Felsküste aus. Hier liegt der Untergrund zu tief unter dem Meeresspiegel, um die Bewegung der Welle vor dem Aufschlagen auf die Klippen zu beeinflussen. Deshalb kommen die Wellen an einer Steilküste meist aus der Richtung, aus der auch der Wind bläst.

Ein flach abfallender Strand ist auch die Voraussetzung dafür, dass die Welle bricht. Die Wasserteilchen vorn in der Welle werden beim Heranrollen an den Strand vom Meeresboden abgebremst. Der hintere Teil der Welle rückt näher heran, sodass sich die im offenen Meer noch flache, langgezogene Welle zu einer steilen Front auftürmt, bis die Welle bricht. Auch dieses Phänomen ist an Steilküsten nicht zu beobachten. Dort klatschen die Wellen ungebremst gegen die Felsen. An den flachen Stränden der Nordsee hingegen kann man das Brechen der Wellen und das «Inselphänomen» überall beobachten. Und wenn nicht, dann ist vermutlich gerade Ebbe.

Tiere & Pflanzen

Was lässt Hühner nach dem Köpfen weiterlaufen?

Früher war eine solche Szene Alltag auf jedem Bauernhof: ein Huhn, kopflos, aber mit wild flatternden Flügeln. Wenn ein Huhn im Topf landen sollte, ließ sich das Werk eben am schnellsten und effektivsten mit einem Beil vollstrecken. Wer einmal Zeuge war, wenn ein Bauer zur Tat schreitet, wird das nicht so schnell vergessen. Und sich vielleicht angesichts des blutigen Schauspiels die Frage stellen: Ohne Kopf und Gehirn fehlt doch die Steuerzentrale für den Rest des Körpers. Wieso kann ein Huhn dennoch mit den Flügeln schlagen?

«Wenn man das Gehirn entfernt, ist trotzdem noch ein wichtiger Teil des zentralen Nervensystems vorhanden, nämlich das Rückenmark», erläutert Prof. Rolf Kötter, Hirnforscher an der Universität Düsseldorf. «Gerade die Koordination von Armen, Beinen und Flügeln ist eine wichtige Aufgabe des Rückenmarks.»

Was Tiere ohne Gehirn alles schaffen, das haben Forscher in durchaus makaber anmutenden Experimenten herausgefunden. Sie durchtrennten zum Beispiel bei Katzen das Rückenmark in der Halswirbelsäule. Anschließend wurden die Tiere auf Laufbänder gestellt, deren Geschwindigkeit man variierte. Ergebnis: Katzen können laufen, sogar balancieren – ganz ohne Unterstützung des Gehirns. Ein funktionierendes Rückenmark reicht aus. Und auch der Flügelschlag bei Vögeln wird durch das Rückenmark selbständig gesteuert.

Aber kopflose Hühner flattern aus einem weiteren Grund besonders wild. Die Rückenmarksnerven werden nämlich beim Beilschlag verletzt. Das wiederum löst Nervensignale aus, die sich im ganzen Körper unkoordiniert ausbreiten und Muskelbewegungen zur Folge haben. Das geht bei dem im Prinzip klinisch toten Tier so lange weiter, bis die Energiereserven von Nerven- und Muskelgewebe verbraucht sind. Was durchaus einige Minuten dauern kann.

So viel zum Thema kopfloses Huhn. Aber wie ist das beim Menschen? Schließlich gibt es die Legende von Klaus Störtebeker, der nach seiner Enthauptung noch ein paar Meter gelaufen sein soll. Hirnforscher Rolf Kötter ist skeptisch: «Ich halte es für unwahrscheinlich, dass Menschen ohne Kopf noch sehr weit kommen. Dafür ist das Laufen eine zu komplexe Aktion.» Das Gehen auf zwei Beinen verlangt nämlich eine ausgefuchste Gleichgewichtssteuerung. Und das Rückenmark allein ist mit dieser Aufgabe überfordert. Zwar löst der Beilschlag beim Menschen genauso wie beim Huhn eine Welle von Nervenreizen aus. Ein Mensch, der sich in der unglücklichen Lage des Seeräubers befindet, wird daher auch Arme und Beine noch eine Zeitlang bewegen. Aber dabei handelt es sich eher um ein unkoordiniertes Zappeln.

Ein Körnchen Wahrheit könnte dennoch in der Legende stecken. Allerdings unter der Voraussetzung, dass der Freibeuter damals in halbwegs aufrechter Körperposition geköpft worden ist. Dann wäre es zumindest denkbar, dass er einen letzten Schritt nach vorn machte, bevor er schließlich stürzte. Ein regelrechtes Laufen, und das auch noch über mehrere Meter, das hat Störtebeker aber mit Sicherheit nicht geschafft.

Wieso können Käfer Stürze aus großer Höhe überleben?

Neulich in der Gartenlaube: Zufällig hat es einen kleinen Käfer auf die Freiluft-Kaffeetafel verschlagen. Flink tragen ihn seine sechs behaarten Beinchen über den glatten Untergrund. Doch plötzlich: ein Abgrund! Der Käfer findet keinen Halt an der glatten Tischkante, rutscht ab und stürzt in die Tiefe ...

Doch kaum ist er unten aufgeschlagen, läuft der Käfer einfach weiter, als wäre nichts passiert, und verschwindet im Gras.

Da grübelt der erstaunte Beobachter und rechnet: Wenn ein drei Millimeter kleiner Käfer einen Meter in die Tiefe stürzt, müsste das – übertragen auf einen ein Meter achtzig großen Menschen – doch einem Sturz aus sechshundert Meter Höhe entsprechen! Da der Käfer nach seinem Sturz aber gleich weiterkrabbelte, scheint es nicht besonders traumatisch für ihn gewesen zu sein.

Abgesehen davon, dass solche Hochrechnungen nie den realen physikalischen Kräften gerecht werden, gibt es eine einfache Erklärung für die Unverwüstbarkeit des Käfers.

Denn die Körpergröße eines Käfers, gewissermaßen seine Ausbreitung im Raum, ist recht groß im Vergleich zum Körpergewicht, das ihn zur Erde zieht. Dies gilt selbst dann, wenn ein Käfer winzig ist. Sein «großes» Volumen erzeugt bei einem Sturz einen hohen Luftwiderstand, der den Fall bremst – ähnlich wie bei einer Feder, die durch die Luft zu Boden schwebt. Zwar erfahren alle Gegenstände, die irgendwo herunterfallen – ob nun Eisenkugel, Feder oder Käfer –, die gleiche Erdbeschleunigung und müssten theoretisch gleichzeitig am Boden aufprallen. Doch diese Fallgesetze beziehen sich auf Verhältnisse, in denen dem freien Fall nichts im Weg steht. Und das gilt nur fürs Vakuum.

Außerdem tragen Käfer einen Schutzpanzer um ihren Körper – ein Außenskelett aus Chitin, das bei Käfern kräftiger ausgebildet ist als bei anderen Insekten. Dieses Außenskelett ist nicht nur stabil, sondern auch elastisch und schützt den Käferkörper besser als eine Ritterrüstung.

Ihr natürlicher Ganzkörperschutz wappnet Käfer gut für den Überlebenskampf in Feld, Wald, Wiese, Wasser oder Wüste. Nicht umsonst zählen sie mit zu den erfolgreichsten Tierarten dieser Erde. Sie laufen, fliegen, schwimmen, graben sich in die Erde, mampfen Holz, Kot, Getreide, andere Insekten, züchten Pilze, schmücken sich mit Geweihen und Nasenhörnern, glänzen in metallischen Farben, tragen Punkte auf dem Rücken.

Mit geschätzten 350 000 Arten sind die Käfer die artenreichste Tierordnung überhaupt. Entwicklungsgeschichtlich sind die Krabbeltiere viel älter als Menschen, Letztere sind im Vergleich ganz junge Hüpfer. Abrupt endende Tische spielten in den Lebensräumen von Käfern daher lange Zeit keine Rolle. Dass sie Tischkanten dennoch ungerührt hinnehmen, spricht für ihre Zähigkeit. Wer schon so lange über die Welt trappelt, lässt sich eben nicht von jeder neumodischen menschlichen Kreation beeindrucken.

Überleben beide Hälften eines zerteilten Regenwurms?

Um den wichtigsten Teil der Antwort gleich vorwegzunehmen: nein! Regenwürmer vermehren sich nicht, indem man sie beim Gärtnern mehr oder weniger absichtlich mit dem Spaten in zwei Hälften teilt! Das Gerücht, es entstünden nach einer derart unsanften Behandlung zwei neue, überlebensfähige Würmer, ist schlicht falsch. Auf der anderen Seite muss aber ein solcher Unfall für einen Regenwurm auch nicht zwangsläufig tödlich ausgehen. Zumindest eine Hälfte des Wurms hat die Chance weiterzuleben, denn Regenwürmer verfügen über ein beachtliches Regenerationsvermögen.

Trennt ein unvorsichtiger Gärtner mit dem Spaten ein Stück vom hinteren Ende ab, kann der Wurm das verlorene Körperteil fast vollständig wieder ersetzen. Praktisch! Und häufig genug ist diese Fähigkeit für den Wurm zudem überlebenswichtig. Er kann nämlich so relativ unbeschadet einigen seiner Fressfeinde entkommen. Hat zum Beispiel eine Amsel das Ende des Regenwurms gepackt, ist dieser in der Lage, einen Teil seiner Segmente selbständig abzuschnüren und sich so aus der Umklammerung des Schnabels zu befreien. Der vordere Rest des Wurms kann dann flüchten und sich später wieder regenerieren.

Allerdings funktioniert dieser Trick nur, wenn der Vogel am Schwanzende zugepackt hat und nicht im vorderen Drittel des Wurms, denn da befinden sich viele lebenswichtige Organe, die der Regenwurm nicht ersetzen kann. Wird ein Wurm in diesem Bereich geteilt, sterben beide Hälften. Auch ganz vorn an seiner Spitze – dem Kopfende sozusagen – ist der Regenwurm empfindlich. Daher wird der Wurm auch eine Verletzung an dieser

Stelle nicht immer überleben. Es sei also allen potenziellen Tierexperimentatoren noch einmal ausdrücklich versichert: Die Regenwurmpopulation vergrößert sich nicht, wenn man ihre Mitglieder einfach in zwei Hälften teilt. Bestenfalls bleibt sie so groß, wie sie schon war, meistens wird sie schrumpfen.

Aber wie vermehren sich Regenwürmer denn nun wirklich? Um diese Frage zu beantworten, werfen wir einen indiskreten Blick ins Regenwurmschlafzimmer unter der Erde. Dort treffen sich zur Fortpflanzung zwei Regenwürmer. Dabei handelt es sich allerdings nicht um Männchen oder Weibchen, sondern zweimal um beides. Regenwürmer sind nämlich Zwitter, das heißt, sie haben sowohl männliche als auch weibliche Geschlechtsorgane. Trotzdem können sie sich nicht allein vermehren, sondern brauchen zur Fortpflanzung einen Partner.

Wenn sie den gefunden haben, legen sich die beiden Würmer mit der Bauchseite aneinander. Dann geben beide ihre Spermien nach außen ab. Diese wandern durch eine winzig kleine Rinne zur Samentasche des jeweils anderen Wurms und werden dort gespeichert. Ist das geschafft, trennen sich die beiden wieder. Jetzt baut jeder für sich eine Schleimhülle auf. Die wandert anschließend den Körper des Wurms entlang. Zunächst an den Eierstöcken vorbei, die nach außen offen sind. Dort werden Eizellen in die Schleimhülle abgegeben. Dann wandert die Hülle weiter in Richtung Kopfende und kommt dabei an den Samentaschen vorbei, wo die Spermien jetzt ebenfalls in die Schleimhülle gelangen: Die Befruchtung findet statt. Die Schleimhülle mit den befruchteten Eiern wird schließlich abgestreift und bleibt als eine Art Kokon im Boden, aus dem nach sieben bis zwölf Wochen der Nachwuchs schlüpft. Diese Fortpflanzungsmethode ist übrigens sehr erfolgreich: Die Würmer im Boden einer Kuhweide wiegen in der Regel mehr als die Kühe auf der Weide.

Können Tiere unter Wasser riechen?

Hundebesitzer kennen das: Bei jedem Gassigehen klebt die Nase ihres Fifis am Boden. Jeder Baum, jeder Busch, jeder Laternenpfahl wird intensiv beschnüffelt. Wissenschaftler sagen: Für den Hund ist das Schnüffeln wie Zeitunglesen. Jeder Geruch enthält eine interessante Nachricht, die uns Menschen verborgen bleibt. Denn die Nase des Hundes hat rund zwanzigmal mehr Riechzellen als die des Menschen. Überhaupt können viele Tiere Düfte wesentlich besser wahrnehmen als wir. Diese Fähigkeit ist für die meisten Tiere überlebensnotwendig. Wer nicht riechen kann, findet nichts zu fressen oder wird sogar gefressen. Riechen ermöglicht, schon aus der Ferne zu orten, wo auf Nahrung zu hoffen ist, wo Gifte zu befürchten sind, wo sich ein Feind versteckt oder ein Geschlechtspartner wartet. Wir Menschen haben mittlerweile andere Möglichkeiten als das «Schnuppern» entwickelt, um

Nahrung zu besorgen oder einen Sexualpartner zu finden. Unser Geruchssinn ist jedoch immer noch sehr wichtig und manchmal verantwortlich für unbewusste Entscheidungen.

Wissenschaftler unterscheiden zwischen Makrosmaten («gute Riecher» wie viele Fische und Säugetiere) und Mikrosmaten («schlechte Riecher» wie beispielsweise Primaten und Vögel). Der bei vielen Tieren gut ausgebildete Geruchssinn kann selbst kleinste Konzentrationen bestimmter Moleküle wahrnehmen, die den Tieren durch Luft oder Wasser zugetragen werden. Das bedeutet, im Gegensatz zum Menschen können viele Tiere unter Wasser riechen. Allerdings sind das fast nie an Land lebende Wirbel- oder Säugetiere. Der Labrador zum Beispiel, der als Wasserhund gilt, schwimmt gern und taucht auch nach einem Spielzeug. Er riecht es jedoch nicht unter Wasser, sondern er sieht es. Wie der Mensch muss der Hund unter Wasser die Luft anhalten, die Nase sozusagen verschließen, damit keine Flüssigkeit in die Lungen dringt.

Anders ist das bei Fischen. Sie schnuppern naturgemäß nicht in der Luft herum. Es lässt sich daher nicht genau zwischen Geruchssinn und Geschmackssinn unterscheiden. Versteht man unter Geruchssinn jedoch die Fernwahrnehmung von Stoffen, so stellt man fest, dass einige der Wasserbewohner ein phänomenales Riechvermögen besitzen. Das Hauptriechorgan der Fische besteht aus zwei Riechgruben, die ständig von Wasser durchspült werden. Aber auch an den Flossen und am Körper vieler Fische befinden sich Sinneszellen, die auf Geschmacksstoffe reagieren. Einen besonders ausgeprägten Geruchssinn besitzen solche Fische, die während ihres Lebens weite Wanderungen unternehmen müssen, wie Lachse und Aale. Aale sind die Weltmeister im Riechen unter den Wirbeltieren – und den Hunden weitaus überlegen. Sie werden im Meer geboren, nahe den Bermudas im Atlantischen Ozean. Von hier aus wandern die jungen Aale in die Süßwasserflüsse und Seen Europas, in denen sie über mehrere

Jahre heranwachsen. Fast am Ende ihres Lebens schwimmen sie die etwa sechstausend Kilometer zurück in ihre Heimatgewässer, weil sie nur dort Nachwuchs in die Welt setzen können. Den Weg zeigt den Aalen ihr ausgezeichneter Geruchssinn. Sie können Duftstoffe wahrnehmen, die im Wasser in äußerst geringen Konzentrationen vorkommen. Die Nasenöffnungen des Aals sind zwei kleine Röhrchen, mit denen er sogar räumlich riechen kann. Ähnlich ist es bei Lachsen, nur dass sie im Fluss geboren werden und von dort ins Meer schwimmen. Auch Haie sind Supernasen unter Wasser. In zwei Gruben an der Maulspitze befinden sich sehr viele Sinneszellen. Haie können damit zum Beispiel Blut sogar noch in einer Verdünnung von eins zu einer Milliarde wahrnehmen. Untersuchungen an Haien haben ergeben, dass ihr Riechzentrum zwei Drittel ihrer Gehirnmasse ausmacht. Das zeigt die enorme Bedeutung des Geruchssinns für diese Tiere. Robben, Delphine und Wale können kaum unter Wasser riechen. Sie sind Säugetiere. Genau wie das Flusspferd müssen sie ihre Nasenöffnungen beim Tauchen verschließen. Vögel wie Möwen, Pinguine, Enten oder Gänse, die einen Großteil ihrer Nahrung im Wasser finden, erkennen diese ebenfalls nicht am Geruch. Und dennoch können all diese Tiere an der Luft immer noch viel besser riechen als der Mensch.

Warum werden Schildkröten uralt?

In Michael Endes wunderbarer Geschichte *Momo* begegnet der kleinen Heldin bei ihrem Kampf gegen die Zeitdiebe die rätselhafte Schildkröte Kassiopeia. Schildkröten können nicht sprechen, das gilt auch in diesem Märchen. Aber Kassiopeia kann Botschaften auf ihrem Panzer erscheinen lassen, mit denen sie Momo zu ihrem Herrn, dem Meister Hora, leitet. Wie praktisch wäre es doch, wenn man Schildkröten nach dem Geheimnis ihrer Langlebigkeit fragen und dann die Antwort einfach auf ihrem Panzer ablesen könnte. So aber bleibt den Forschern letztlich nur die mühsame Suche nach den Gründen für das hohe Alter der Schildkröten. Eine klare und wissenschaftlich belegte Antwort, warum Schildkröten zu den langlebigsten Wirbeltieren auf Erden gehören, gibt es bislang noch nicht.

Das höchste Alter erreichen Landschildkröten und hier insbesondere die auf den Galápagos-Inseln vor der Küste Ecuadors beheimatete Galápagos-Riesenschildkröte. Eines dieser Exemplare mit dem Namen «Adwaita» gilt als Rekordhalterin: Sie erreichte im Zoo von Kolkata in Indien das unfassbare Alter von 255 Jahren. Eine besonders tragische und immerhin 176 Jahre lange Lebensgeschichte ist für «Harriet» dokumentiert. Bis vor kurzem hielt man sie für ein Forschungsobjekt von Charles Darwin persönlich, was ihr zwar eine gewisse Prominenz verlieh, jedoch nicht stimmt. Schwerer wiegt ein zweiter Irrtum: Sie wurde 130 Jahre ihres Lebens für ein Männchen gehalten, sodass ihr nie rechtes Liebesglück beschert war. Aber der Verzicht auf Sex ist sicherlich nicht die Ursache für ihre Langlebigkeit.

Andere Gründe halten Zoologen für stichhaltiger. Zum einen

sind erwachsene Landschildkröten in einer recht komfortablen Situation: Sie haben in der Natur keine echten Feinde, die ihnen gefährlich werden können. Außerdem leben sie streng vegetarisch, müssen sich also nicht auf die Jagd begeben, sondern nur in aller Seelenruhe zur nächsten Leckerei wandern. Hinzu kommt, dass Reptilien keine eigene Körperwärme erzeugen müssen und daher einen deutlich langsameren Stoffwechsel haben als viele Tiere oder der Mensch. Und es ist bekannt, dass ein Organismus deutlich länger lebt, wenn er seinen Stoffwechsel herunterfahren kann.

In der jüngeren Vergangenheit wurden auch verstärkt die genetischen Hintergründe untersucht, um das Geheimnis eines langen Lebens zu lüften. Im Jahr 2007 haben Biochemiker der Universität Mainz dreizehn Gene identifiziert, die mit der Lebenserwartung in Zusammenhang stehen. Die Gene sorgen für die Produktion bestimmter Proteine, also Eiweiße, die für die Energiegewinnung im Körper verantwortlich sind. Da Riesenschildkröten einen besonders stabilen chemischen Aufbau jener Proteine zeigen, könnte dieser Sachverhalt ihre Langlebigkeit erklären. Die Forscher schließen aus ihren Ergebnissen, dass die grundlegenden Mechanismen des Alterns bei allen Lebewesen ähnlich ablaufen. Hinter der Frage nach dem Alter der Schildkröten steckt daher für die Wissenschaft letztlich immer die Suche nach einem Jungbrunnen für den Menschen.

Den Altersrekord aller Lebewesen auf der Erde insgesamt können die Schildkröten übrigens nicht für sich in Anspruch nehmen. Im Jahr 2002 entdeckten Forscher des Alfred-Wegener-Instituts in Bremerhaven auf dem Meeresgrund der Antarktis einen uralten Riesenschwamm. Sie berechneten, dass der etwa zwei Meter hohe, vasenförmige Schwamm mehr als zehntausend Jahre alt sein muss. Im Vergleich dazu wirkt sogar der Methusalem unter den Landschildkröten wie ein junger Hüpfer.

Trinken Fische Wasser?

Wer Fischen schon mal aufs Maul geschaut hat, könnte vermuten, die Wassertiere seien regelrechte Säufer. Gerade im Aquarium ist es gut zu beobachten: Gemächlich dümpeln die Fische durch das Wasser und machen die ganze Zeit den Mund auf und zu – eben so, als ob sie trinken würden. Doch der Eindruck täuscht. Das Öffnen und Schließen des Mauls dient den Fischen zum Atmen; denn sie müssen ständig Wasser durch ihre Kiemen pressen, um an Sauerstoff zu kommen. Während diese Kiemenatmung (bis auf die wenigen Arten der «Lungenfische») von allen Fischen betrieben wird, laben sich am umgebenden Wasser nur Meeresfische.

Meeresfische nehmen Wasser aus ihrer Umgebung auf – anderes steht ihnen ja nicht zur Verfügung. Klarer Fall von Geschmacksverirrung, könnte man meinen, denn schließlich ist Salzwasser für menschliche Zungen eher unappetitlich. Doch Salzwasserfische müssen Wasser in großen Mengen zu sich nehmen, da sie sonst mitten im Meer austrocknen würden.

Meerwasser ist viel salziger als die Körperflüssigkeit von Fischen. Die Körperzellen der Fische enthalten nur eine geringe Menge von Salzen. Umhüllt sind diese Zellen von Membranen, die Salze nicht durchlassen, wohl aber Wasser. Da Wassermoleküle durch eine solch halbdurchlässige Membran immer in Richtung der höheren Salzkonzentration wandern, verlieren Meeresfische über ihre Kiemen und Schleimhäute ständig Wasser, und dadurch sind sie vom Austrocknen bedroht. Um den Wasserverlust auszugleichen, müssen sie viel trinken.

Indem sie aber viel Meerwasser aufnehmen, gelangen große Mengen Salze in ihren Körper und ins Blut. Überschüssiges Salz

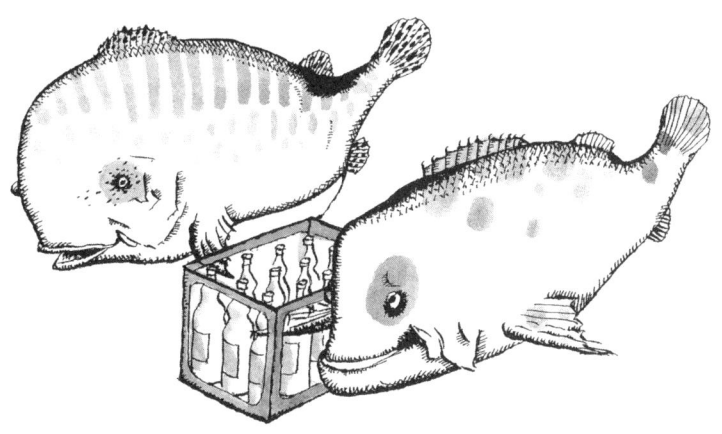

wird bei Knochenfischen über die Kiemen wieder ausgeschieden. In den Kiemen befinden sich bestimmte Kanäle, die die Salze aus dem Blut über die Kiemenschleimhaut aktiv nach außen transportieren. Knorpelfische wie Haie haben spezielle Rektaldrüsen, über die sie die überschüssigen Salze loswerden. Urin setzen Salzwasserfische nur in sehr geringen Mengen ab, um den Wasserverlust zu begrenzen.

Bei Süßwasserfischen ist es genau andersherum. Sie trinken nicht, scheiden aber viel Wasser aus. In ihren Körper dringt das umgebende Wasser über Mundschleimhäute und Kiemen von selbst ein, weil es weniger Salz enthält als der Fischkörper. Damit Süßwasserfische nicht platzen, müssen sie ständig Wasser abgeben. Aus diesem Grund werden sie von manchen Zoologen flapsig «Pinkler» genannt, im Gegensatz zu den «Trinkern» aus dem Meerwasser.

Die Harnmenge von Süßwasserfischen ist tatsächlich enorm: Sie geben pro Tag durchschnittlich 300 Milliliter Harn pro Kilogramm Körpergewicht ab. Das macht bei einem zehn Kilogramm schweren Karpfen drei Liter Harn täglich. In der Natur ist das kein

Problem. Denn Fischurin ist sehr wässrig und wird vom vielen Wasser drum herum verdünnt und weggespült. Da mit dem Urin jedoch immer auch Salze aus dem Körper verlorengehen, nehmen Süßwasserfische über ihre Kiemen aktiv Salze aus der Umgebung auf.

Bei Fischen gilt also: entweder trinken oder pinkeln. Manche Arten wechseln allerdings zwischen der Trinker- und der Pinkelfraktion. Lachse schwimmen zum Beispiel vom salzigen Meer in Süßwasserflüsse, um zu laichen. Dort, wo der Fluss ins Meer mündet, durchqueren sie Brackwasser, ein Gemisch aus Süß- und Salzwasser. Hier können sich die Fische langsam an die sich ändernde Salzkonzentration gewöhnen und die Regulation ihres Salz- und Wasserhaushalts durch den Einfluss von Hormonen einfach umdrehen.

Produzieren Laubbäume mehr Sauerstoff als Nadelbäume?

Laub- wie Nadelbäume produzieren Sauerstoff – genau wie jede andere grüne Pflanze auch. Das geschieht mit Hilfe des Blattfarbstoffs Chlorophyll in den Blättern beziehungsweise Nadeln. Die Frage «Wer produziert mehr Sauerstoff?» ist allerdings nicht so leicht zu beantworten. Zunächst einmal hängt es davon ab, welches Gebiet man betrachtet. Nimmt man die gesamte Welt, dann steht der Sieger fest. Rund siebzig Prozent der Waldgebiete auf der Erde bestehen nämlich aus Laubbäumen – vor allem in den Tropen und Subtropen –, und nur dreißig Prozent sind Nadelwälder. Weltweit gesehen und absolut betrachtet, produzieren die Laubbäume daher mehr Sauerstoff. Zum einen sind es einfach mehr Bäume, zum anderen stehen sie in klimatisch günstigeren Zonen, und je besser

Temperaturverhältnisse, Wasser- und Nährstoffversorgung sind, desto schneller wachsen die Pflanzen. Nimmt man ein Gebiet, wo die klimatischen Bedingungen für Laub- und Nadelbäume nicht ganz so ungerecht verteilt sind, sieht die Situation schon anders aus.

In Nordrhein-Westfalen zum Beispiel ist das Verhältnis zwischen Laub- und Nadelwäldern beinahe ausgeglichen. Das heißt aber noch lange nicht, dass beide Baumsorten deshalb auch den gleichen Anteil an der Sauerstoffversorgung haben. Denn hier kommt wieder ein neuer Faktor ins Spiel, und das ist die Zeit. Nadelbäume wachsen schneller als Laubbäume und erreichen dadurch schneller ihre maximale Sauerstoffproduktion. Außerdem können sie – o Tannenbaum! – im Winter ihre Blätter behalten und in der kalten Jahreszeit Sauerstoff produzieren – wenn auch, zugegeben, weniger als im Sommer.

Das größte Plus für die Nadelbäume in der Sauerstoffbilanz ist aber die Oberfläche ihrer Blätter – also der Nadeln. Eine Fichte zum Beispiel hat eine wesentlich größere Blattfläche als eine Buche. Nimmt man die Oberfläche aller Nadeln einer alten Fichte zusammen, dann entspricht das ungefähr der Fläche von zwanzig bis fünfundzwanzig Fußballfeldern. Eine ausgewachsene Buche hat nur etwa die Hälfte davon zu bieten. Das ist allerdings auch nicht schlecht, denn selbst mit dieser geringeren Blattoberfläche produziert sie ein bis zwei Kilogramm Sauerstoff pro Stunde und deckt damit jeden Tag den Sauerstoffbedarf von etwa sechzig Menschen – natürlich nur im Sommer.

Und dass im Duell Baum gegen Baum der Nadelbaum Sieger bleibt, hat noch einen Grund: Ein Nadelbaum produziert insgesamt mehr Biomasse und hat damit verbunden eine höhere Photosyntheseleistung. Allerdings kann man aus diesem Vergleich nicht schlussfolgern, dass mehr Nadelbäume weltweit für nennenswert mehr Sauerstoff sorgen würden, denn ein großer Teil des Sauerstoffs wird auch von anderen Landpflanzen wie den Gräsern auf Wiesen und Weiden und vor allem vom Plankton in den Weltmeeren erzeugt. Die Gartengestaltung darf sich also weiterhin an rein optischen Kriterien orientieren.

Was unterscheidet Obst und Gemüse?

Zu einem richtig guten Essen gehören eine Vorspeise, oft Suppe oder Salat, dann der Hauptgang: feines Fleisch mit viel Soße, Kartoffeln, Nudeln oder Reis und – für die Gesundheit – Gemüse. Abgerundet wird das leckere Mahl durch ein Dessert: Pudding, Eis oder – der Linie zuliebe – Obst. Alles klar geregelt: erst herzhaft, dann süß und als i-Tüpfelchen Gemüse beziehungsweise Obst. Ob etwas Gemüse oder aber Obst ist, meinen wir meist sofort sagen zu können. Ökotrophologen und Lebensmittelforscher, Biologen und Botaniker tun sich dennoch ziemlich schwer mit einer exakten Definition.

Sprachlich leitet sich der Begriff «Gemüse» aus dem Wort «Mus» ab, der althochdeutschen Bezeichnung für Brei. Laut Lebensmittellexikon ist Gemüse eine Speise aus gekochten Pflanzen oder Pflanzenteilen. Letztere sind zum Beispiel die Blüten bei Rosenkohl oder Brokkoli, die Knolle beim Kohlrabi oder die Blätter beim Rotkohl. Die Pflanzen sind in der Regel sehr wasserhaltig, krautig, nicht verholzt und einjährig. Die meisten Gemüsesorten nehmen wir zubereitet zu uns, also gekocht, gedünstet oder gebraten. Gemüse hat aufgrund seiner vielen Ballaststoffe eine wichtige Funktion für die Verdauung. Außerdem enthält es viele Mineralsalze, Extraktstoffe sowie ätherische Öle und wirkt zudem geschmacksbildend und appetitanregend.

Auch das Wort «Obst» kommt aus dem Althochdeutschen und bedeutete ursprünglich «Zukost», also all das, was außer Brot und Fleisch verzehrt wurde – Früchte und Samen, auch Hülsenfrüchte und Gemüse. In der Regel stammt Obst von mehrjährigen, verholzten Pflanzen und entsteht aus der befruchteten Blüte. Wir essen es meistens roh. Obst enthält viel Wasser und Zucker und ist deshalb oft viel kalorienreicher als Gemüse. Wegen seines hohen Gehalts an Vitaminen, Spurenelementen und Fruchtsäuren zählt Obst zu den wertvollen Lebensmitteln.

Also alles ganz einfach? Obst ist die Frucht von Bäumen und Sträuchern und schmeckt süß, Gemüse dagegen sind die Teile einer einjährigen Pflanze selbst und schmeckt herzhaft? Aber was ist dann mit Tomaten, Paprika, Zucchini, Kürbissen und Gurken? Wäre das nach dieser Definition nicht Obst, weil das Schmackhafte ja die Früchte sind? Weil die Pflanzen einjährig sind und die Süße fehlt, werden Tomaten und Co. aber als Gemüse bezeichnet und verwendet. Erdbeeren und Bananen wachsen an Stauden, also nicht an verholzten Pflanzen, genau wie Gemüse, sind aber für uns ganz selbstverständlich Obst. Ganz problematisch ist es mit dem Rhabarber: Er stammt von einer mehrjährigen Pflanze und kommt meistens ordentlich gezuckert im Kuchen oder als Kompott auf den Tisch – also als Obst. Da er aber nicht aus der Pflanzenblüte, sondern aus dem Stiel stammt und nicht roh verzehrt wird, sondern als Mus, fällt er unter die Definition für Gemüse. Letztlich entscheidet der Verbraucher, ob er die Tomate kandiert als Obst oder die Aprikose gekocht und mit Essig gesäuert als Gemüse essen möchte. Erlaubt ist, was gefällt – oder besser: alles Geschmackssache!

Warum legt ein Huhn nahezu jeden Tag ein Ei?

Was wäre ein richtig opulentes Frühstück ohne Eier? Weich, mittelfest oder hart gekocht im Becher, als Spiegel- oder Rührei frisch aus der Pfanne oder roh im Glas: Wir lieben Eier – Hühnereier. Rund 225 Stück isst jeder Deutsche durchschnittlich pro Jahr. Zum Glück legen die Hennen genug, um unseren Appetit zu befriedigen. Allerdings ist dies keine natürliche Verhaltensweise, sondern wird durch den «Eierdieb» Mensch beeinflusst.

Wildvögel wie Drosseln, Kohlmeisen oder Gänse legen immer nur dann Eier, wenn das beste Nahrungsangebot vorhanden ist, also die besten Bedingungen herrschen, um die Nachkommen großzuziehen. Das sind in unseren Breitengraden die hellen Jahreszeiten Frühling und Frühsommer. Hormone, die durch die veränderten Lichtverhältnisse erzeugt werden, lösen das Brutverhalten der Vögel aus.

Auch die Ernährungsweise hat Einfluss darauf, wie häufig ein Vogel Eier legt. Laubsänger oder Grasmücken zum Beispiel brüten ein einziges Mal, denn sie füttern ihre Jungen mit speziellen Raupensorten, die es nur einmal im Jahr gibt. Amseln wiederum

ernähren ihren Nachwuchs mit Regenwürmern, die sie das ganze Jahr über finden. Darum können sie auch bis zu dreimal jährlich Eier legen. Aber nicht häufiger, denn die Produktion eines Eies ist ein sehr kräftezehrender Vorgang für den Vogel.

Ein Beispiel: Eine ausgewachsene Kohlmeise wiegt etwa siebzehn Gramm. Eines ihrer Eier hat ein Gewicht von 1,2 Gramm. Bei einem Gelege von durchschnittlich sieben Eiern macht das knapp die Hälfte ihres Körpergewichts aus – eine schwere Last. Der jährlich stattfindende Gefiederwechsel – die sogenannte Mauser – kostet den Vogel ebenfalls viel Energie, sodass er in dieser Zeit keine Eier legt.

Hühner sind nicht die einzigen Vögel, die in Gefangenschaft Eier legen. Wellensittiche oder Kanarienvögel tun das ebenfalls ab und zu. Der hormonelle Anreiz dazu ist vorhanden, und sie versuchen auch, die Eier auszubrüten. Da das Gelege aber bei einzeln gehaltenen Weibchen nicht befruchtet ist, schlüpft kein Küken heraus. Und so geben sie das Brüten nach einer gewissen Zeit auf – und das Eierlegen ebenso.

Ganz anders sieht es bei Hühnern aus: Sie legen das ganze Jahr über Eier. Das ist ein Ergebnis der Züchtung. «Moderne» Hühner zeichnen sich durch eine sehr hohe Legeleistung aus. Die Urform des Haushuhns, das südoastasiatische Bankivahuhn, legt hingegen im Jahr nur etwa zwanzig Eier. Vermutlich wurde es schon vor rund sechstausend Jahren in China domestiziert.

Bei der heutigen Legehennenhaltung macht sich der Mensch das natürliche Verhalten der Hühnerdamen zunutze. Eine Henne würde normalerweise so viele Eier produzieren, bis das Gelege voll ist – etwa zehn bis zwölf. Da ihr die Eier immer wieder weggenommen werden, macht sie ständig weiter. Das Ergebnis sind rund dreihundert Eier pro Henne im Jahr.

Ein Huhn legt Eier unabhängig davon, ob diese befruchtet sind oder nicht. Das hängt damit zusammen, dass beinahe täglich ein Eisprung erfolgt. Die Eizelle wandert vom Eierstock aus durch den Eileiter in Richtung Kloake, der gemeinsamen Ausscheidungsöffnung für verdaute Nahrung und Urin. Auf diesem Weg würde sie, falls von einem Hahn befruchtet, mit der Samenzelle zu einem Keim verschmelzen. Während der Wanderung durch den Eileiter wird der Dotter von mehreren Lagen Eiweiß umhüllt. Kurz vor dem Austritt des Eis aus der Kloake wird es mit einer Kalkschicht überzogen, der Eierschale. Lösen sich zwei Eizellen am selben Tag, legt das Huhn nicht zwei Eier, sondern ein Ei mit zwei Dottern.

Einen weiteren Einfluss auf die Legeleistung haben die regelmäßige Futtergabe und das künstliche Licht in den Ställen. Die gleichmäßige Beleuchtung entspricht der Tageslänge im Sommer und gaukelt den Tieren eine günstige Zeit zur Eiablage vor. Junghennen beginnen im Alter von fünf Monaten mit der Eiablage. Den Höhepunkt der Legetätigkeit erreichen sie mit etwa acht Monaten. Die durchschnittliche Legeperiode einer Henne beträgt heute rund fünfzehn Monate. Denn unbegrenzt lässt sich das biologische System der Henne, das ja eigentlich der Fortpflanzung dienen soll, nicht überlisten. Eine innere Uhr lässt die Mauser beginnen. Die Hühner legen deutlich weniger oder sogar gar keine Eier mehr. Dann sind sie für den Menschen als Eierproduzenten nicht mehr interessant und landen häufig in der Suppe. In der Natur allerdings könnten auch Legehennen bis zu acht Jahre alt werden.

Duften Rosen bei Sonnenschein stärker?

Wenn Johann Wolfgang von Goethe eine Rose sah, dann geriet er ins Schwärmen. «Als Allerschönste bist du anerkannt, bist Königin des Blumenreichs genannt», so lobte er sie in höchsten Tönen. Ihre Farben- und Blütenpracht und natürlich ihr Duft waren für den Dichter unwiderstehlich. Auch im Roman *Der Leopard* von Tomasi di Lampedusa wird den Rosen gehuldigt: Der «dichte, fast schamlose» Duft der Blüten weckt dort die erotischen Erinnerungen an eine Tänzerin.

Aber auch wenn man sich den Rosengewächsen weniger poetisch nähert, ist der intensive süße Geruch von Rosen faszinierend. Zumindest der Grund, warum die Blumen so lieblich duften, ist den meisten seit ihrer Kindheit bekannt: Es ist die alte

Geschichte von den Bienchen und den Blümchen. Die Rosen signalisieren so den potenziellen Bestäubern, dass sie reif für eine Befruchtung sind. Der süße Duft, den sie dabei absondern, richtet sich gezielt an Bienen und Hummeln, die den Blütenstaub der Rosen weitertragen sollen. Andere Tiere finden diesen Duft weniger verlockend. Die Schmeißfliege zum Beispiel mag es bekanntermaßen lieber, wenn es faulig stinkt.

Alle Blumen, aber auch fast alle anderen Stoffe, die uns umgeben, senden Duftmoleküle aus, die unsere Nase ab einer bestimmten Intensität als Geruch wahrnimmt. In einer Rose sind die Duftmoleküle zunächst in flüssiger Form gebunden, um dann gasförmig an die Umgebungsluft abgegeben zu werden. Aber nicht zu jeder Tageszeit und bei jedem Wetter duften Rosen gleich intensiv. Wenn es wärmer ist, gehen mehr Duftmoleküle in den gasförmigen Zustand über. Gleichzeitig kann die wärmere Luft mehr Düfte aufnehmen.

Man kann sich das wie bei einem Glas mit Wasser vorstellen: In einem kalten Raum verdunstet – bei konstanter Luftfeuchtigkeit – deutlich weniger Wasser als in einem stark aufgeheizten Raum. Nach dem gleichen Prinzip steigt bei höheren Temperaturen auch mehr Rosenduft empor. Also sollten Kavaliere ihre Angebetete lieber an solchen Tagen mit einem Strauß roter Rosen überraschen, an denen die Sonne scheint.

An einem kühlen Regentag hingegen empfehlen sich eher Blumen, die ihre Duftstoffe nach einem anderen Prinzip versprühen. Die sogenannten Nachtdufter geben nicht bei höheren Temperaturen, sondern bei erhöhter Feuchtigkeit der Umgebung mehr Duftmoleküle in die Luft ab. Zu diesen Nachtduftern gehören in unseren Breiten beispielsweise die Ackerwinden oder das Geißblatt. Deren Blüten werden von nachtaktiven Tieren, zum Beispiel von Motten, Nachtfaltern oder auch Fledermäusen, bestäubt. Den wertvollen Duft tagsüber zu versprühen, wenn die Bestäuber dieser Blumen gar nicht bereit sind, wäre für jene Pflanzen vergebene Liebesmüh.

Vergebens und geradezu schädlich ist es in den Augen von Johann Wolfgang von Goethe, sich den Wundern der Natur mit allzu großem Forscherdrang zu nähern. Obwohl Goethe selbst sich intensiv naturkundlichen Studien in Botanik, Chemie und Optik widmete, wollte er nicht, dass der «Königin des Blumenreichs» ihr süß duftendes Geheimnis durch wissenschaftliche Akribie entrissen wird. Und so endet sein Gedicht über die Rose, die «Allerschönste», mit einem kopfschüttelnden: «Doch Forschung strebt und ringt, ermüdend nie, nach dem Gesetz, dem Grund Warum und Wie.»

Wieso gibt es im Winter keine Stubenfliegen?

Ein Stall ist ein Paradies für Fliegen. Egal, ob Sommer oder Winter, hier ist es angenehm warm und schön dreckig. Unter diesen Bedingungen können sich Fliegen das ganze Jahr über vermehren, und deshalb gibt es im Stall auch zu jeder Jahreszeit Fliegen.

In unseren Wohnungen ist das anders, da ist das Brummen an der Fensterscheibe ein typisches Sommergeräusch. Erst wenn es warm wird, sausen Stubenfliegen im Zickzack um die Wohnzimmerlampe oder machen sich in der Küche über liegengebliebene Frühstückskrümel her. Sie bleiben den Sommer über und verschwinden wieder im Herbst. Selbst in Wohnungen, die auf mehr als zwanzig Grad geheizt sind, verstummt das Summen im Winter – es ist Fliegenpause. Schuld daran ist die Tatsache, dass es bei uns – entgegen der Meinung aller schimpfenden Mütter, Väter und Haushaltshilfen – eben doch meistens nicht so aussieht wie im Schweinestall.

Dank Allzweckreiniger und wöchentlicher Müllabfuhr fehlt den Fliegen bei uns zu Hause die Nahrungsgrundlage. Sie können in unseren Küchen und Wohnzimmern nicht überleben, denn es liegen einfach zu wenig vergammelnde Lebensmittel herum. Dass wir sie im Sommer trotzdem immer wieder entnervt verscheuchen oder gar mit der Fliegenklatsche jagen müssen, liegt schlicht daran, dass sie einfach durch offene Fenster und Türen von draußen hereinkommen. Im Sommer können sich Fliegen nämlich sehr schnell fortpflanzen. In dieser Zeit wachsen gleich mehrere Fliegengenerationen heran, und jedes Weibchen kann im Laufe seines Lebens viele hundert Eier legen. Je mehr Fliegen dann draußen herumschwirren, desto mehr von ihnen verirren sich in unsere Wohnungen.

Wenn es kälter wird, gestaltet sich das Überleben für die Stubenfliege aber oft doppelt schwierig. Zum einen macht ihr der Fliegenschimmel das Leben schwer. Diese Pilzart tritt vor allem im Herbst auf und kann in kurzer Zeit große Mengen an Stubenfliegen vernichten. Zum anderen sind Fliegen nicht für die Kälte geschaffen. Bei tiefen Temperaturen draußen sind die Tiere einfach zu träge, um in unsere Wohnungen zu kommen. In dieser Zeit suchen sie zum Beispiel Ställe, Keller, Dachböden oder gutgeschützte Mauerritzen auf, um dort zu überwintern.

Bei Temperaturen um den Gefrierpunkt können sich die Fliegen schließlich gar nicht mehr rühren. Sie fallen in eine Kältestarre, fahren den Stoffwechsel auf ein Minimum herunter und sind flugunfähig. Dadurch ist es ihnen aber möglich, den Winter zu überleben.

Um das zu schaffen, müssen die Fliegen den Wassergehalt in ihrem Körper reduzieren, denn wenn Wasser gefriert, bildet es spitze Kristalle, die die Zellwände der Tiere durchstoßen könnten. Deshalb stellen die Fliegen im Spätherbst ihre Nahrungsaufnahme ein und senken so den Wasseranteil in ihrem Körper auf ein Minimum. Zusätzlich produzieren sie aktiv alkoholische Verbindungen, die den Gefrierpunkt ihrer Körperflüssigkeit herabsetzen. Auf diese Weise kann eine Stubenfliege, die normalerweise maximal drei Monate lang lebt, den Winter überstehen.

Wenn es im Frühling wieder wärmer wird und die Sonne scheint, wachen auch die Stubenfliegen wieder aus ihrer Kältestarre auf. Es sind die letzten Fliegen aus dem Vorjahr, die dann die Eier der ersten Fliegengeneration im Folgejahr legen. Gleichzeitig schlüpfen neue Insekten, die irgendwo als Larven den Winter überstanden haben. Je wärmer es wird, desto mehr Fliegen kommen dazu, und damit steigt die Wahrscheinlichkeit, dass sie sich in unsere Wohnungen verirren und wir sie wieder jagen müssen.

Warum schauen Kühe auf der Weide oft in dieselbe Richtung?

Als Wiederkäuer verbringen Kühe auf der Weide den lieben langen Tag vor allem mit einem: Fressen. Sie zupfen das Gras vom Boden, kauen, schlucken, würgen es wieder hoch und kauen noch mal darauf herum. Dabei stehen sie natürlich nicht immer in Reih und Glied, aber oft scheinen ihre Körper alle gleich ausgerichtet zu sein.

Ein Grund, weshalb die Kühe einer Herde sich in die gleiche Richtung orientieren: schlechtes Wetter. Gerade wenn es sehr windig ist, stehen die Kühe einer Herde oft alle mit dem Hintern in Richtung Wind. Das hat schlichte Energiespargründe, denn würde der Wind gegen die Flanken der Kühe wehen, träfe er auf eine größere Fläche. Die Kühe würden stärker auskühlen und dadurch mehr Energie verlieren, als wenn ihnen der Wind auf den Hintern bläst. Sie könnten sich natürlich auch mit dem Kopf in den Wind stellen, aber da scheinen Kühe eher wie Menschen zu ticken: Rückenwind ist uns ja in der Regel auch lieber als Gegenwind, besonders wenn der Wind Regentropfen vor sich hertreibt. Vögel machen es übrigens genau andersherum, sie halten lieber ihren Schnabel in den Wind, damit er nicht die Federn auf- und durcheinanderwirbelt, sondern elegant über ihren Körper gleitet.

Allerdings ist Kuh nicht gleich Kuh. Dicke Kühe sind gelassener, was kühle Luft angeht. Eine neuseeländische Studie konnte zeigen, dass dünne Kühe ihren Po wirklich schneller in Richtung Wind strecken. Dicke Kühe haben ein Fettpolster, das sie gut gegen Kälte isoliert. Sie beginnen auch bei Seitenwind nicht so schnell zu frieren und verbrauchen keine zusätzliche Energie. Damit kein Feind die Gunst der Stunde nutzt und sich unbemerkt von hinten anschleichen kann, während die ganze Herde in die andere Richtung schaut, gibt es in der Kuhherde Aufpasserinnen: Einige Kühe heben immer wieder den Kopf und schauen sich um. Denn schlimmer als ein bisschen Wind um die Nase ist ein unerwarteter Angriff aufs Hinterteil.

Die jüngste Untersuchung zur Kuh-Anordnung auf der Weide kommt allerdings zu einem erstaunlichen Ergebnis: Kühe scheinen sich am Magnetfeld der Erde auszurichten, wenn sie gemeinsam in der Herde grasen. Zoologen der Universität Duisburg-Essen werteten Satellitenbilder von mehr als dreihundert Kuhherden aus und betrieben Feldforschung. Sie stellten fest: Kühe, Rehe und Hirsche richten ihre Körperachse unabhängig von Sonne, Wind und Temperatur entlang der Nord-Süd-Achse des Erdmagnetfelds aus. Das spricht dafür, dass Kühe ebenso wie Zugvögel und Meeresschildkröten über einen Magnetsinn verfügen. Wofür das gut sein soll, wissen die Forscher allerdings auch nicht. Möglicherweise ein archaisches Erbe aus jenen Zeiten, als Rindviecher noch in Herden übers Land zogen.

Zuweilen hat die Blickrichtung von Kühen aber rein gar nichts zu tun mit Wetter, Magnetfeld oder sonstigen Kräften der Erde, dann nämlich, wenn jemand auf sie zugeht und mit ihnen spricht oder winkt – denn Kühe sind außerordentlich neugierig. Gerade Stadtmenschen veranstalten ja gern ein Theater nach dem Motto «Oooohhh, Küüühe!» und werden dafür mit aufmerksamen Blicken aus großen schönen Glotzaugen belohnt.

Alltag

Warum sind wir morgens größer als abends?

«Wie groß sind Sie denn?» Ehrlicherweise müsste die Antwort auf diese Frage lauten: Kommt drauf an. Folgender Selbstversuch wird es bestätigen. Morgens, direkt nach dem Aufstehen, an eine Wand stellen. Wie es sich gehört, ein Buch auf den Kopf legen. Und dann mit einem Zollstock messen lassen. Das Gleiche noch mal am Abend. Ergebnis: Bei kleinen Menschen ist mindestens ein Zentimeter Unterschied garantiert. Bei sehr groß gewachsenen können es auch drei sein.

Doch was hat es damit auf sich? Muss man sich deswegen Sorgen machen? «Das ist eine ganz gesunde Reaktion und ein Zeichen für ein funktionsfähiges Skelettsystem», sagt Professor Peer Eysel, Direktor der Orthopädischen Universitätsklinik Köln.

Im Skelett sind die starren Knochen durch Gelenke miteinander verbunden. Und damit sie sich möglichst leicht und ohne Reibung gegeneinander bewegen können, sind die Knochen im Gelenk mit Knorpel überzogen. In der Wirbelsäule liegen besonders dicke Knorpelstrukturen zwischen den einzelnen Wirbeln, die Bandscheiben. Vor allem sie sind für den täglichen Verlust an Zentimetern verantwortlich.

Das Besondere am Gelenk- und Bandscheibenknorpel: Er besteht aus einem kollagenhaltigen Gewebe, das sehr viel Wasser einlagern kann, ähnlich wie ein Schwamm. Dieser Schwamm entleert sich, wenn er gedrückt wird – und schrumpft. In der Nacht, bei entspannter Bettruhe, saugt sich dieses Gewebe mit Flüssigkeit voll. Tagsüber wird der Knorpel hingegen durch Druck belastet und langsam wieder ausgepresst. Das ist keineswegs ein schädlicher Vorgang. Denn weder Bandscheiben noch Gelenke werden direkt durch Blutgefäße versorgt. Der ständige Wechsel aus Belastung und Entlastung ist daher der einzige Weg, um die Versorgung des Knorpels mit Nährstoffen zu sichern und gleichzeitig den Abtransport von Abfallprodukten zu ermöglichen.

Allerdings nimmt die Elastizität des Knorpels im Alter stark ab. Bei Menschen über siebzig trocknen die Bandscheiben regelrecht ein, schrumpfen und verknöchern sogar teilweise. Der Rücken wird dadurch steifer. Allerdings hat diese Entwicklung auch eine gute Seite. Denn der gefürchtete Bandscheibenvorfall tritt im Alter kaum mehr auf. Er ist vor allem ein Phänomen des mittleren Alters zwischen 35 und 55. Dann wölbt sich der immer noch sehr elastische Gallertkern mitunter nach außen vor und drückt auf Nerven – meist verbunden mit starken Schmerzen.

Während also in den übrigen Gelenken die altersbedingte Degeneration des Knorpelgewebes eher unangenehme Folgen hat, ist der Schutz vor Bandscheibenvorfällen wenigstens ein kleiner Segen des Alters. Eine weitere Folge ist: Alte Menschen sind ein paar Zentimeter kleiner als in ihrer Jugend. Und wenn man sie fragt: «Wie groß sind Sie?», können sie mit Fug und Recht behaupten: «Noch genauso groß wie heute Morgen.»

Wie muss man durch den Regen laufen, um möglichst wenig nass zu werden?

Gehen wir von folgender Situation aus: Es regnet. Kein Platzregen, bei dem sich jeder ohnehin nur unterstellen würde, sondern guter, solider deutscher Dauerregen mittlerer Stärke. Annahme zwei: Sie haben keinen Schirm dabei, und es ist auch niemand in der Nähe, der Ihnen einen leihen könnte. Ebenso wenig verfügen

Sie über eine Zeitung, aus der Sie sich ein lustiges Hütchen basteln könnten, oder einen Müllsack, der sich kurzerhand zu einem jugendfestivaltauglichen Regenponcho umarbeiten ließe. Annahme drei: Sie müssen durch den Regen durch – vom Büro zur Bushaltestelle, vom Kino nach Hause, von einer Kneipe in die andere, egal. Sie müssen also, wie die Mathematiker sagen würden, eine Strecke von A nach B zurücklegen. Und, was tun Sie? Instinktiv werden Sie wahrscheinlich eines tun, und das ist Rennen. Das machen Sie vermutlich ganz automatisch, ohne vorher größere Berechnungen angestellt zu haben, und damit liegen Sie genau richtig. Denn die Fortbewegung durch den Regen ist einer der Fälle, in denen Lebenserfahrung und mathematisch-physikalische Berechnungen wunderbar übereinstimmen. Warum?

Stellen Sie sich der Einfachheit halber vor, Sie seien eine Art Quader, so wie ein aufrecht stehendes Buch. Dann kriegt Ihre Vorderseite immer die gleiche Menge Regen ab, egal ob Sie durch den Regen gehen oder rennen, die Oberseite aber umso weniger, je schneller Sie sind. Wenn Sie sich also aus der Kneipe auf den Heimweg machen, dann liegen zwischen dem Lokal und ihrer Wohnungstür, sagen wir, zweihundert Meter. Diese zweihundert Meter sind angefüllt mit Feuchtigkeit, und zwar nicht nur über Ihrem Kopf, sondern auch vor Ihrem Bauch. Und mit ebendiesem Bauch sammeln Sie die gesamte Feuchtigkeit ein, die sich auf dieser Strecke in etwa einem Meter Höhe befindet. Da kommen Sie nicht drum herum, Sie wollen ja schließlich nach Hause. Bewegen Sie sich langsam, lassen Sie dem Regen zusätzlich Zeit, Sie gründlich von oben zu treffen. Deshalb werden Sie umso nasser, je langsamer Sie gehen.

Allerdings gibt es zu dieser Regel ein paar Einschränkungen. Hat es zum Beispiel schon eine ganze Weile geschüttet und die Straße ist voller Pfützen, dann könnte es sein, dass Sie beim Rennen außerdem noch von unten nass werden, weil ja durch Ihre kräftigen Laufschritte das Wasser von der Straße hochspritzt. Allerdings dürfte dieser Effekt an der Gesamtbilanz nur dann etwas verändern, wenn wirklich viele Pfützen auf der Straße sind und es von oben beinahe gar nicht mehr regnet.

Es könnte sich – je nachdem, was Sie anhaben – anfühlen, als würden Sie beim Rennen nasser als beim Gehen. Je schneller Sie nämlich laufen, desto stärker prasseln die Tropfen auf Ihre Kleidung, die Durchschlagskraft des Regens wird größer. Bei einem T-Shirt werden Sie keinen Unterschied feststellen, das fühlt sich immer nass an, aber bei einem Wollpullover zum Beispiel können Regentropfen mit hoher Geschwindigkeit bis auf die Haut durchdringen, während sie, wenn Sie langsamer gehen, vielleicht außen an der Wollfaser hängen bleiben.

An der Gesamtfeuchtigkeit ändert sich dadurch nichts, und zumindest von oben werden Sie auch mit Pullover nasser, wenn Sie langsamer gehen. Deshalb gilt in aller Regel: Wollen Sie möglichst trocken nach Hause kommen, beeilen Sie sich – oder nehmen Sie ein Taxi.

Kann eine Flaschenpost vom Rhein bis nach New York treiben?

Man muss nicht unbedingt als Schiffbrüchiger auf einer einsamen Insel hocken, um auf die Idee zu kommen, eine Flaschenpost loszuschicken. Manchmal reicht schon ein unternehmungslustiger Tag am Strand oder eine Fährfahrt übers offene Meer: Schnell ist ein kurzer Brief verfasst, in eine Flasche gesteckt, diese fest verschlossen – und ab die Flaschenpost! Dann beginnt das Warten. Denn egal, ob schiffbrüchig oder nicht: Wer eine Flaschenpost losschickt, der will, dass sie gefunden wird. Wohin wird sie treiben? An welchem Strand wird sie angeschwemmt? Und wer bekommt sie in die Hände? Wohin schwimmt zum Beispiel eine Flasche, die bei Düsseldorf in den Rhein geworfen wird? Kann sie bis nach New York gelangen? Zunächst einmal ist es natürlich jederzeit möglich, dass der Wind die Flasche schon nach wenigen Kilometern irgendwo ans Ufer drückt. Aber mal angenommen, sie würde der Strömung folgen und über die Rheinmündung in die Nordsee gelangen. Die Nordsee zirkuliert im Gegenuhrzeigersinn. Das heißt, die Flaschenpost würde an der deutschen und der dänischen Küste entlang in Richtung Skandinavien getrieben. Dort könnte sie auf Ausläufer des atlantischen Golfstroms treffen. Im Atlantik gibt es eine Strömung, die, grob betrachtet, gegen den Uhrzeigersinn verläuft: als Golfstrom von Amerika in Richtung Europa und durch das europäische Nordmeer wieder zurück nach Amerika. Mit dieser Strömung könnte die Flasche im günstigsten Fall über Island, Grönland und Kanada bis nach Amerika gelangen. Immer vorausgesetzt natürlich, sie wird nicht zwischenzeitlich irgendwo an Land geschwemmt.

Es ist also theoretisch durchaus möglich, dass es eine Flaschenpost bis an die amerikanische Ostküste und nach New York schafft. Viel wahrscheinlicher ist allerdings, dass sie schon in Duisburg ans Ufer geschwemmt wird. Außer einer gehörigen Portion Strömungsglück brauchen ambitionierte Flaschenpostabsender aber noch etwas in großen Mengen: Geduld. Denn sollte die Flasche wirklich die richtige Strömung erwischen, können Jahre vergehen, bis sie die Strecke nach Amerika zurückgelegt hat. Sollte es ihr tatsächlich gelingen, dann wäre sie glatt ein Fall für die Wissenschaft. Es gibt nämlich Forscher, die anhand von Treibgut ihre Modelle der Ozeanströmung überprüfen.

Dabei spielen weniger Flaschenpost-Experimente als Schiffshavarien eine Rolle. Immer wieder stürzen nämlich Container in schwerer See von Frachtschiffen, öffnen sich und ergießen ihre Ladung ins Meer. Legendär ist beispielsweise der Fall von 29 000 Badeenten, die 1992 von einem Schiff in den Pazifik stürzten. Nach wenigen Monaten wurden erwartungsgemäß die ersten quietschgelben Plastiktiere an kanadischen Stränden gefunden, nach etwa zwei Jahren trieben dann einige in der Beringstraße. Aber für Tausende von ihnen war die Reise dort noch lange nicht zu Ende. Sie wurden im Packeis eingeschlossen und folgten der gemächlichen Eisdrift durch das nördliche Polarmeer. Jahrelang blieben sie verschollen. Dann plötzlich wurden im Jahr 2003, elf Jahre nach der Havarie, die ersten Badeentchen im Nordwesten Schottlands angeschwemmt. Leicht ausgeblichen, aber ansonsten gut in Schuss. Der Hersteller platzte vor Stolz. Die Ozeanforscher waren begeistert. Im Sommer 2007 schließlich landeten einige Plastikvögel im Südwesten Englands. Und noch heute könnten irgendwo am Strand Enten angeschwemmt werden. Am Meer die Augen offen zu halten kann sich lohnen: Für jeden weiteren Fund hat der Hersteller eine Prämie ausgesetzt.

Warum macht Bügeln die Wäsche glatt?

Die meisten tun es zu Musik oder vor dem Fernseher – und oft erst dann, wenn sich schon Berge von frischgewaschenen, aber zerknitterten Hemden, Blusen und Tischdecken auftürmen: Bügeln ist keine besonders beliebte Hausarbeit. Dabei ist es heute dank technischer Hilfsmittel vergleichsweise leicht zu erledigen. Das war nicht immer so.

Die Geschichte des Bügelns ist eine Geschichte von Hitze, Schweiß und Muskelkraft. Bereits die alten Römer haben ihre Gewänder mit schweren, hammerähnlichen Geräten bearbeitet.

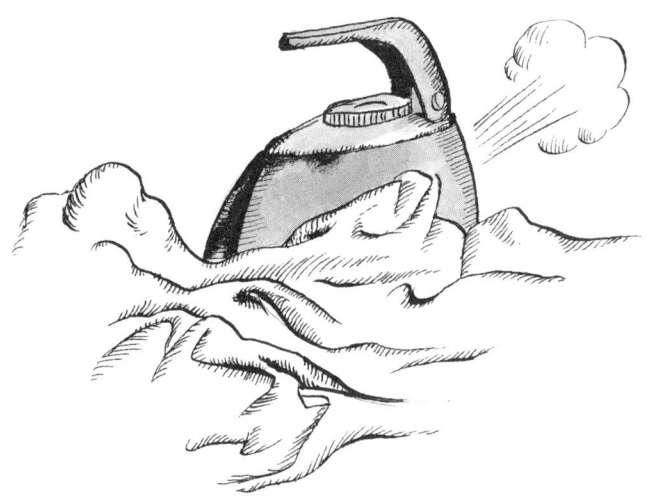

Die Griechen waren im vierten vorchristlichen Jahrhundert die Ersten, die eine Walze erhitzten, um Leinen zu plissieren, also den Stoff in viele kleine Falten zu pressen. Selbst die rauen Wikinger haben gebügelt – und zwar mit heißen Eisen, die aussahen wie umgedrehte Pilze.

Die ersten Bügeleisen sind aus dem 15. Jahrhundert bekannt. Sie bestanden aus einer massiven Metallplatte mit Griff, die auf einer heißen Ofenplatte erhitzt werden musste. Aus dem späten 17. und dem 18. Jahrhundert sind hohle Plätteisen (auch Kasteneisen) erhalten, die meist aus Messing bestanden. Von der durch eine Klappe verschlossenen Rückseite her wurde eine im Feuer erhitzte eiserne Platte in den Hohlraum eingeführt. Solche Eisen wurden bis ins 19. Jahrhundert hinein benutzt.

Im späten 19. Jahrhundert trat daneben das Kohleneisen, in dessen vergrößertem Hohlraum glühende Kohlen und Briketts gefüllt wurden. Außerdem gab es sogenannte Wechselgriffbügeleisen. Bei ihnen wurde der Griff des erkalteten Bügeleisens abgenommen und ein zweites, auf dem Ofen erwärmtes Eisen eingeklinkt, und das kalte Eisen konnte währenddessen wieder auf Temperatur kommen. Auch Gasbügeleisen waren im Einsatz, darunter Modelle, die direkt über Schläuche an die Gasleitung angeschlossen waren.

Das erste Patent auf ein elektrisch betriebenes Eisen erhielt 1882 der Amerikaner Henry W. Weely. Schon sechs Jahre später brachte es die Firma Siemens auf den deutschen Markt. Seit 1926 werden Dampfbügeleisen eingesetzt, die über einen Tank mit Wasser verfügen, das mittels kleiner Düsen in der Sohle direkt auf die Wäsche gesprüht wird.

Aber warum macht Bügeln die Wäsche glatt? Die Hauptfaktoren dafür sind: Feuchtigkeit, Druck und Temperatur. Alle Faserstoffe bestehen aus ineinander verknäulten Kettenmolekülen. Bei Zimmertemperatur sind die langen Moleküle relativ unbeweglich und starr, sodass sie sich – und damit auch die ganze Faser – nur schwer dauerhaft verformen lassen. Um die Fasern weich zu machen, sind höhere Temperaturen nötig. Zusätzlich müssen sie noch voneinander gelöst werden. Dabei hilft Feuchtigkeit: Beim Anfeuchten setzen sich die Wassermoleküle zwischen die einzelnen Molekülketten. Dadurch lösen sie sich voneinander, und man kann die Faser glatt bügeln. Durchs Abkühlen bleiben sie in der neuen Form. Die glatte Oberfläche wirkt zugleich schmutzabweisender als eine raue, ungebügelte.

Neben «intelligenten» Bügeleisen gibt es heute eine Reihe von Wasch-Hilfsmitteln, die das Bügeln wie «geschmiert» vonstattengehen lassen sollen. Das Bügeln wirklich überflüssig machen sie aber nicht. Wer gar keine Lust drauf hat, trägt einfach Leinen – das knittert ja angeblich edel!

Warum sind in Elektrokochplatten Mulden?

Um Nahrung zuzubereiten und bekömmlicher zu machen, greifen Menschen schon seit Jahrtausenden auf Wärme zurück. Erst das Lagerfeuer, später der Holzofen, dann Gas- und schließlich der Elektroherd nahmen eine zentrale Stellung bei der Zubereitung der Mahlzeiten ein. Diese Küchenhelfer werden täglich so selbstverständlich genutzt, dass kaum jemand über ihre Funktionsweise nachdenkt. Dabei ist die klassische Kochplatte eines Elektroherdes ein ausgeklügeltes Stück Ingenieurkunst. Die Heizquelle liegt – für das menschliche Auge verborgen – unter der runden Metallplatte, auf die man den Topf stellt. Ringförmig angeordnete Heizwendeln werden mit Strom zum Glühen gebracht und übertragen ihre Wärme auf die darüberliegende Metallkochplatte.

Beim Erwärmen der Kochplatte kommt Thermodynamik ins Spiel. Denn wie fast jeder Stoff dehnt sich Metall beim Erhitzen aus. Der innere Teil einer Metallkochplatte erhitzt sich aber stärker als der äußere Rand, unter dem sich keine Heizwendeln befinden, und daher dehnt er sich auch stärker aus. Durch die ungleiche Erwärmung entstehen Spannungen im Material. Die anfangs gebräuchlichen Vollmassekochplatten wölbten sich deshalb nach oben – sie bekamen Beulen in der Mitte. Für darauf stehende Töpfe eine wackelige Angelegenheit und außerdem schlecht für die Wärmeleitung.

Eine Herdplatte kann nämlich nur dann die Wärme gut auf den Kochtopf übertragen, wenn dessen Boden die Heizquelle überall berührt – der Topf also möglichst plan auf der Platte steht. Diese Erfahrung macht jeder, der verbeulte Töpfe auf einem Elektroherd benutzt. Und genauso überträgt eine durch Wärmespannung verbogene Kochplatte die Hitze schlechter. Deshalb entwarf eine Elektrogeräte-Firma in den vierziger Jahren den sogenannten Heizring. Er ähnelte den heutigen Elektroherdplatten, hatte aber anstelle einer Vertiefung ein richtiges Loch in der Mitte. Dadurch konnte sich das Material nach innen ausdehnen und die Spannung ableiten.

Jenes Loch wurde zunächst mit einer einfachen Blechplatte abgedeckt, um zu verhindern, dass Flüssigkeiten in den Herd hineinliefen. Denn schließlich kocht mal Milch über, oder Soße spritzt aus dem Topf. Doch die Blechplatten waren nicht besonders praktisch, weil sie den Herd nicht vollständig abdichteten und außerdem die Produktion komplizierter machten. Daher entwickelten Ingenieure bald darauf eine Herdplatte, die statt des Lochs eine Vertiefung aufwies – und dieses Prinzip hat sich bis heute gehalten: An der Mulde gibt es keine Heizwendeln, und der entstehende Druck wird in die Mitte abgeleitet. Die Mulde beult sich zwar ein kleines bisschen aus, doch der Rest der Kochplatte bleibt flach.

Bei modernen Elektroherden mit Ceran-Kochfeldern besteht die ganze Oberfläche dagegen aus einer einzigen planen Platte. Denn Ceran – eine raffinierte Mischung aus Glas und Keramik – wurde so konstruiert, dass es sich bei Erwärmung so gut wie gar nicht ausdehnt. Deshalb gibt es bei Ceranherden keine Mulden. Außerdem hat Ceran im Gegensatz zu Metall eine sehr schlechte Wärmeleitfähigkeit, die Töpfe werden durch Infrarotstrahlung heiß. Dort, wo sich keine Heizelemente befinden, bleibt das Material kalt. Deshalb liegen die Bedienelemente von Ceranherden oft unmittelbar neben dem Kochfeld – und man kann sie berühren, ohne sich die Finger zu verbrennen.

Wie wird bei einem Fußball das letzte Stück reingenäht?

«Der Ball ist rund!» – Wie alle Fußballweisheiten, die der Trainerlegende Sepp Herberger in den Mund gelegt werden, verbirgt auch dieser Klassiker hinter seiner banalen Fassade eine meditative Tiefgründigkeit. Dass der Ball rund ist, erscheint keineswegs selbstverständlich, denn das Runde besteht aus Eckigem: Zwölf schwarze Fünfecke und zwanzig weiße Sechsecke bilden zusammen – mathematisch betrachtet – einen Ikosaeder, dessen zwölf Ecken geplättet wurden, eine Kugel mit knapp siebzig Zentimeter Umfang, kein Pfund schwer. Prall aufgepumpt, mit etwa einem Bar Überdruck, entspricht die Kugel dann den Regeln des Deutschen Fußballbundes für einen Fußball.

Aber wie werden die Einzelteile zum Ball vernäht? Und vor allem, wie gelingt es, an einem fast fertigen Ball die letzten Stiche zu nähen, ohne dass am Ende ein unschöner Knoten die Außenhaut der Lederkugel verunziert? Zwei ernüchternde Tatsachen gleich vorweg: In Deutschland wird man nur mit Mühe eine Antwort auf diese Frage finden. Denn bis auf vereinzelte Reparaturbetriebe näht heutzutage niemand mehr in unseren Breiten Fußbälle. Der größte Teil der mehr als vierzig Millionen Fußbälle, die jedes Jahr produziert werden, stammt aus Pakistan, Indien oder Marokko. Und zum Zweiten: An einem modernen Fußball findet man kein einziges Gramm Leder mehr, sondern nur noch Kunststoff. Wenn Fußballer also behaupten, ihr bester Freund sei aus Leder, können sie damit wohl nur ihr Portemonnaie meinen.

Bei der Herstellung wird ein Ball zunächst von der Seite aus genäht, die später innen liegen soll, und zwar jeweils sechzehn Teile zu einer Hälfte. Diese beiden Halbschalen werden dann miteinander vernäht, bis nur noch ein kleiner Spalt offen steht. Das geschieht wie beim Schuheschnüren: Die zwei Enden eines Fadens werden immer abwechselnd von links und rechts kreuzweise durchs Leder gezogen. Wenn nur noch eine schmale Öffnung unvernäht ist, wird der Ball umgestülpt. Nachdem die Gummiblase, die später aufgepumpt wird – die sogenannte Seele –, drin ist, kommt das große Finale, das Zunähen des Balles: Würde man nach dem letzten Stich die Enden des Fadens einfach verknoten, säße der Knoten außen auf dem Ball. Um dieses Problem zu lösen, wird ein Spezialwerkzeug eingesetzt: eine lange Ahle. Sie sieht aus wie eine Stricknadel mit einem Griff am einen und einer Öse am anderen Ende. Der Näher drückt den Ball zusammen und schiebt die Ahle vorsichtig durch eine Naht auf der gegenüberliegenden Seite quer durch den Ball und auf der anderen Seite genau durch die finale Nahtöffnung wieder heraus. Dann zieht er die Enden der Fäden durch die Öse der Ahle und holt sie mit der Ahle zusammen durch den Ball auf die gegenüberliegende Seite. Verknotet man sie dort auf der Außenseite und zieht den Knoten zusammen, dann flutscht der Knoten durch die Naht hindurch in den plattgedrückten Ball hinein und landet innen auf der Nahtstelle. Die Naht ist zu, und der Knoten ist innen und damit unsichtbar. Fertig ist der Fußball – ein Meisterwerk aus zweiunddreißig Teilen.

An den Bällen, die heutzutage in den Stadien rollen, wurde dieses genähte Kunststück allerdings nicht vollführt. Denn seit der Weltmeisterschaft 2006 gilt für Fußbälle eine neue Zeitrechnung. Der dort eingesetzte Ball «+Teamgeist» wurde nicht aus Fünf- und Sechsecken, sondern aus vierzehn ineinander verschlungenen Stücken gefertigt. Diese sind außerdem nicht miteinander vernäht, sondern verschweißt. Das Ergebnis: ein Fußball, der bis auf die winzige Abweichung von 0,1 Prozent die Wölbung einer perfekten Kugel hat. Damit werden die modernen Bälle mehr denn je der uralten Spruchweisheit gerecht: «Der Ball ist rund!»

Warum sprudelt die geschüttelte Mineralwasserflasche über?

Eine solch unfreiwillige Dusche hat wohl jeder schon mal abbekommen: Nach einer längeren Radtour durch die Sommersonne erreicht man erhitzt das Freibad, zieht die Flasche mit dem Mineralwasser aus der Tasche, dreht gierig den Schraubverschluss auf – und schon läuft das kostbare Nass statt durch die Kehle die Arme hinunter. Die Flasche beantwortet die Rütteltour im Fahrradkorb mit zischendem Übersprudeln.

Urheber dieses spritzigen Phänomens ist das in der Mineralwasserflasche gelöste Kohlendioxid, kurz CO_2. Klassisches Sprudelwasser enthält mehr als 5,5 Gramm CO_2 pro Liter. Umgangssprachlich wird CO_2 oft auch irrtümlich Kohlensäure genannt. Dabei verbindet sich nur ein winziger Teil (etwa 0,2 Prozent) des im Wasser gelösten Kohlendioxids mit dem Wasser zur Kohlensäure H_2CO_3. Das CO_2 ist zum Teil natürlicher Bestandteil des Mineralwassers, zum Teil wird es ihm unter hohem Druck bei der Abfüllung hinzugefügt. Wie viel Kohlendioxid sich im Wasser löst, ist abhängig vom Druck und von der Temperatur. In einer gekühlten, unter hohem Druck verschlossenen Flasche löst sich mehr Kohlendioxid als in einer warmen, geöffneten. Das ist entscheidend für das Übersprudeln.

Was passiert nun beim Öffnen der Flasche? Wenn man den Verschluss aufdreht, dann sinkt der Druck. Wenn der Druck sinkt, kann das Wasser nicht mehr so viel CO_2 lösen, und ein Teil des Kohlendioxids geht in den gasförmigen Zustand über. Im Wasser bilden sich dadurch winzig kleine Gasbläschen, die schnell anwachsen und nach oben steigen. Wenn die Flasche vor dem Öffnen nicht geschüttelt wurde, geschieht dieser Übergang des Kohlendioxids in die Gasphase zwar mit einem hörbaren Zischen und sichtbarem Geblubber, aber normalerweise schäumt die Flasche nicht über.

Dazu kann es aber kommen, wenn die Temperatur steigt. Eine eiskalte Flasche frisch aus dem Kühlschrank blubbert kaum beim ersten Öffnen. Hat die Flasche aber lange in der Sonne gelegen, dann ist das Übersprudeln häufig nicht zu verhindern. Denn das warme Wasser kann viel weniger Kohlendioxid lösen. Dadurch tritt beim Öffnen der Flasche besonders viel CO_2 aus – die Flasche sprudelt über. Und noch ein Umstand kann dazu führen, dass sich der Inhalt der Flasche beim Öffnen auf die Umstehenden verteilt: das Schütteln. Denn nach dem Schütteln schwirren noch winzige Luftbläschen durch das Wasser. Sie dienen als Keime, an denen das Kohlendioxid besonders gut aussprudeln kann. Die Folge: Beim Öffnen bildet sich explosionsartig sehr viel gasförmiges Kohlendioxid, die Blasen schießen aus der Flasche und reißen das Wasser mit sich.

Das Prinzip der überschäumenden Mineralwasserflasche lässt sich auch in der Natur beobachten: beim Kaltwassergeysir. Dessen

Wasserfontäne beruht auf einem etwas anderen Prinzip als bei den bekannteren Heißwassergeysiren, zum Beispiel dem berühmten Geysir Strokkur auf Island. Der Kaltwassergeysir sprudelt, weil es unter ihm tief in der Erde ein Vorkommen von Wasser mit besonders hohem Kohlendioxidgehalt gibt – ganz ähnlich wie in der Mineralwasserflasche. Wenn das Wasser in der Geysirröhre nach oben steigt, nimmt der umgebende Luftdruck auf das Wasser allmählich ab. Geringerer Druck bedeutet aber: Weniger Kohlendioxid kann im Wasser gelöst werden. Es entstehen mehr kleine Gasbläschen. Durch die Bläschen im Wasser nimmt der Druck auf die darunterliegenden Wassermassen aber noch mehr ab, sodass lawinenartig dort unten weiteres CO_2 frei wird. Das Ergebnis: Das Wasser aus der gesamten Geysirröhre wird in einer gewaltigen Fontäne nach oben geschleudert. Der höchste Kaltwassergeysir der Welt sprudelt übrigens in Deutschland: Auf dem Namedyer Werth, einer Rheininsel bei Andernach, schießt er seine Fontäne bis zu sechzig Meter hoch in die Luft.

Darf man aufgetaute Speisen wieder einfrieren?

Das sind die kleinen Logistikprobleme des Alltags: Da hat man einen Haufen Freunde zur Grillparty eingeladen, ordentlich Würstchen und Steaks aufgetaut, und dann schüttet es abends in Strömen, und der Grill bleibt kalt. Oder das Kaffeekränzchen mit Frau Rübenströter, derentwegen man extra eine tiefgefrorene Sahnetorte aus der Tiefkühltruhe des Supermarkts gefischt hat, und just an diesem Tag erklärt Frau Rübenströter, dass sie ab sofort auf Diät ist, und knabbert für den Rest des Nachmittags nur lustlos an einem Vollkornkeks herum. Welch ein Fiasko! Aber zumindest in Hinsicht auf Grillgut und Torte keine komplette

Katastrophe, denn beides kann für erfolgreichere Treffen wieder eingefroren werden. Allerdings funktioniert das nur dann, wenn Fleisch und Torte noch hundertprozentig in Ordnung sind. Für das Wiedereinfrieren von Lebensmitteln gibt es nämlich eine einfache Regel: Wann immer ein Lebensmittel noch ohne Bedenken zubereitet oder gegessen werden könnte, kann es auch wieder eingefroren werden, egal, ob es vorher schon einmal gefroren war oder nicht.

Besonders sinnvoll ist dieses Wechselbad der Temperaturen allerdings nicht, denn darunter leidet vor allem die Qualität. Lebensmittel, die tiefgefroren in den Kühltruhen der Supermärkte liegen, sind vorher einem Schockfrostverfahren unterzogen worden. In speziellen Anlagen wurden sie innerhalb kürzester Zeit bei minus vierzig Grad eingefroren. Dieses schonende Verfahren ist in normalen Gefriergeräten zu Hause nicht möglich. In Tiefkühlfach und -truhe sind die Temperaturen höher, und der Gefrierprozess dauert länger. Dadurch können sich große, spitze Eiskristalle in den Lebensmitteln bilden, die deren Zellstrukturen zerstören. Die Folge: Wasser tritt aus den Zellen aus – Fleisch wird zäh, Gemüse matschig. Wer Zeit hat, sollte deshalb das einmal Aufgetaute lieber zubereiten, bevor er es wieder einfriert. Wird das Fleisch vor dem Rückweg ins Tiefkühlfach zum Gulasch und das Gemüse zum Eintopf, leidet die Qualität weniger. Außerdem lässt sich so ein gesundheitliches Restrisiko ausschließen, falls man sich eben doch nicht hundertprozentig sicher ist, ob man das Aufgetaute tatsächlich noch roh essen kann. Hat das Gehackte nicht doch ein bisschen zu lange in der warmen Küche gestanden? Und wie viel Sonne vertragen ungegrillte Schaschlikspießchen?

Wer hier zweifelt, werfe den Herd an, denn in allen Lebensmitteln gibt es Mikroorganismen, Bakterien und Schimmelpilze, die das Lebensmittel verderben. Beim Kochen werden sie abgetötet, aber in der Tiefkühltruhe befinden sie sich lediglich in einer Art

Winterschlaf. Ihr Stoffwechsel ruht. Mit jedem Auftauen nehmen sie ihre Aktivität wieder auf und können sich in dem ehemaligen Gefriergut fröhlich weitervermehren. Hinzu kommt, dass bestimmte Enzyme sogar bei Minusgraden aktiv bleiben. Deshalb kann zum Beispiel Fleisch auch dann verderben, wenn es sich im Tiefkühlfach befindet. Dabei gilt: Je fetter die Fleischsorte, desto kürzer die Haltbarkeit. Schweinebraten etwa sollte man maximal ein halbes Jahr lagern, danach kann er ranzig werden.

Bei der nächsten Grillparty gehören also auf jeden Fall zuerst die verschmähten Würstchen vom letzten Mal auf den Grill, damit deren Qualität nicht weiter leidet. Für alle künftigen Partys mit Tiefkühlkostbeteiligung gilt: am besten alles portionsweise einfrieren. Dann friert es zum einen schneller durch, zum anderen kann man genau das auftauen, was man braucht, und die Frage «Wieder einfrieren oder nicht?» stellt sich gar nicht erst.

Kann Fleisch leuchten?

Über Gemüse und Obst, das sich in leuchtenden Farben präsentiert, freuen sich viele: ein Bund Möhren, knackig grüne Äpfel, gelbe Zitronen, roter Paprika. Bei Fleisch ist das anders. Wer ein rohes Stück Rindfleisch in seinem Kühlschrank findet, dessen Oberfläche grünlich schimmert wie die Leuchtziffern einer Armbanduhr, freut sich nicht, sondern verzieht angewidert das Gesicht. Zu Recht: Rohes Fleisch ist ein empfindliches Lebensmittel, das schnell verdirbt. Und die Farbveränderung zeigt, dass sich schon andere über das Fleisch hergemacht haben – eine große Gesellschaft winziger Bakterien nämlich.

Wenn ein Stück Fleisch komisch riecht, glibberig wird, eigenwillig schmeckt oder seine Farbe wechselt, waren Bakterien am

Werk. Die unsichtbaren Mikroorganismen nutzen verschiedene Bestandteile von Lebensmitteln als Nahrungsquelle, bauen sie um oder ab und scheiden Abfallstoffe wie Säuren oder Schwefelverbindungen aus. Verhindern kann man die Besiedlung von Lebensmitteln mit Bakterien nicht. Denn sie sind einfach überall – im Boden, im Wasser, in der Luft, im und auf dem Körper von Menschen und Tieren. Sie besiedeln die Oberflächen von Bänken, Werkzeugen und Wänden in Schlachthöfen oder fleischverarbeitenden Betrieben. Selbst regelmäßige gründliche Reinigung kann die Bakterien nicht gänzlich vertreiben, ein paar tummeln sich immer irgendwo. Beim Schlachten und bei der Fleischverarbeitung kommen sie mit dem Fleisch in Kontakt und wandern so über Metzgerei oder Supermarkt in den Kühlschrank des Endverbrauchers.

Besonders gern versammeln sich Bakterien der Gattung Pseudomonas auf frischem Fleisch. Sie können auch im Kühlschrank wachsen und Lebensmittel zersetzen. Temperaturen zwischen fünf und acht Grad hemmen ihre Vermehrung nicht, sondern verlangsamen sie höchstens etwas. Einige dieser Pseudomonaden enthalten Farbstoffe, die, angeregt durch Licht, fluoreszieren, also grünbläulich leuchten. Wenn die Bakterien zu einem dicken Pulk angewachsen sind, kann sie bereits das kurze Aufflackern des Kühlschranklichts zum Leuchten bringen. Damit ist aber auch klar, dass die Bakterien schon seit längerer Zeit am Fleisch herumnagen und ihre Zahl enorm sein muss.

Auch wenn Kochschinken nach einigen Tagen im Kühlschrank

regenbogenfarben schillert, haben sich bestimmte Bakterien gütlich getan. Die von ihnen ausgeschiedenen Abfallstoffe – unter anderem Schwefelverbindungen und Alkohole – reagieren mit der Oberfläche des Schinkens und färben sie grünlich. Andere Mikroorganismen spalten Proteine oder Fette im Fleisch: Dann riecht oder schmeckt es fies. Solche Veränderungen sind zwar nicht zwangsläufig ungesund, aber auch nicht besonders appetitlich.

Außerdem ist die Gefahr groß, dass sich unter die eher harmlosen Bakterien krankheitserregende Keime wie Salmonellen gemischt haben. Und die können dann die klassischen Lebensmittelvergiftungen hervorrufen. Deshalb ist wichtig: Rohes Fleisch immer gleichmäßig kühl lagern und am besten schnell verzehren. Wenn es schon ein paar Tage gelegen hat, aber noch einen guten Eindruck macht, ordentlich durchbraten – das macht Bakterien in der Regel den Garaus. Sobald es jedoch grünlich schimmert oder einen seltsamen Geruch verströmt – besser weg damit!

Darf man Spinat aufwärmen?

Der Spinat ist so etwas wie die geheimnisvolle Diva im Gemüsebeet. Zwar ist er nicht so imposant wie der mächtige Blumenkohl und nicht so farbenprächtig wie die Tomate, aber ihn umgeben zahlreiche Rätsel und Mythen. Was wird dem beliebten grünen Gänsefußgewächs nicht alles angedichtet. Denken wir nur an Popeye, den unermüdlichen Cartoon-Seemann. Kaum hat er sich eine Dose Spinat einverleibt, wachsen ihm mächtige Muskeln, mit denen er jeden aus dem Weg räumt, der es wagt, seiner angebeteten Olivia schöne Augen zu machen. Tatsächlich steckt im Cartoon-Spaß ein wahrer Kern: Im Jahr 2008 fanden amerikanische Forscher heraus, dass Ratten deutlich kräftiger werden, wenn man ihnen über längere Zeit ein Spinatextrakt unters Futter mischt.

Ein weiterer Spinat-Mythos ist die Sache mit dem Eisen: Ganze Generationen von Müttern versuchten ihren Sprösslingen den Spinat mit dem Argument schmackhaft zu machen, das grüne Gemüse sei deshalb so gesund, weil es außergewöhnlich viel Eisen enthalte. Inzwischen weiß man: Ursprung dieser Irrmeinung ist eine winzige Schludrigkeit der Wissenschaft. Vor mehr als einem Jahrhundert wurde einmal der Eisengehalt von getrocknetem Spinat gemessen. Dieser Wert wurde dann später irrtümlich frischem Spinat zugeordnet. Der hat aber, da er größtenteils aus Wasser besteht, nur ein Zehntel des Eisengehalts von getrocknetem Spinat. Immerhin: Mit etwa vier Milligramm Eisen pro hundert Gramm ist der Spinat zwar kein «Eisenwunder», aber immerhin eisenhaltiger als die meisten anderen Gemüsesorten.

Nicht nur falsche Heilsversprechungen sind offenbar untrennbar mit dem Spinat verbunden, sondern auch übertriebene Warnrufe. Spinat dürfe man keinesfalls aufwärmen, so hat es uns schon Großmutter eingebläut. Er werde dann giftig und führe im harmlosesten Fall zu schweren Bauchschmerzen. Diese Warnung stammt aus der Zeit vor der segensreichen Erfindung des Kühlschranks und ist kaum noch zeitgemäß. Doch etwas Wahres ist schon dran. Zwar enthält der Spinat nicht so viel Eisen, wie ihm nachgesagt wurde, dafür aber relativ viel Nitrat. Lässt man ein Spinatgericht nun über längere Zeit bei Raumtemperatur stehen oder auf kleiner Flamme vor sich hin köcheln, dann wandeln Bakterien das Nitrat in Nitrit um. Dieses Nitrit wiederum kann sich mit bestimmten Stickstoffverbindungen zu Nitrosaminen umwandeln, und diese gelten als krebserregend.

Für Erwachsene sind die im Spinat enthaltenen Nitritmengen auch nach dem Aufwärmen völlig unbedenklich. Etwas anders verhält es sich bei kleinen Kindern und Säuglingen. Nitrit kann die Fähigkeit des Blutes, Sauerstoff zu transportieren, herabsetzen. Es wandelt den roten Blutfarbstoff Hämoglobin, der den Sauerstoff bindet, in Methämoglobin um, das diese Fähigkeit nicht mehr besitzt. Bei kleinen Kindern sollte man auf das nitritvermehrende Aufwärmen des Spinats verzichten.

Aber der Spinat ist nicht zu jeder Zeit gleichermaßen nitrathaltig, im Sommer liegt die Belastung damit niedriger als im Winter. Spinat aus ökologischem Anbau ohne Nitratdüngung ist ebenfalls weniger bedenklich. Entscheidend für den Gehalt an gesundheitsschädlichem Nitrit ist aber, wie der Spinat zubereitet und aufbewahrt wird. Reste sollte man möglichst bald in den Kühlschrank stellen und am nächsten Tag zügig auf über 70 Grad Celsius erhitzen.

Wenn man diese Regeln beachtet, dann können zumindest Erwachsene den Spinat genauso schätzen wie die Witwe Bolte bei Max und Moritz ihr Sauerkraut. Denn dort heißt es ja, «dass sie von dem Sauerkohle eine Portion sich hole, wofür sie besonders schwärmt, wenn er wieder aufgewärmt».

Warum muss man oft beim Zwiebelschneiden weinen?

Nach der Tomate ist die Zwiebel Deutschlands beliebtestes Gemüse. Was wäre Braten, Soße oder Salat ohne die scharfe Knolle? Aber sie hat es in sich – beim Zubereiten rührt sie uns zu Tränen!

Schon 4000 vor Christus wurde die Zwiebel bei den Babyloniern und Ägyptern angebaut. Pharao Cheops zum Beispiel ließ täglich Zwiebeln an die rund hunderttausend Sklaven verteilen, die mit dem Bau seiner Pyramide beschäftigt waren. Nach Deutschland kam die Zwiebel erst zur Zeit von Christi Geburt, und zwar durch die römischen Besatzer. Das zeigt auch der Name Zwiebel, er ist eine Eindeutschung der lateinischen Bezeichnung «Cepula», kleiner Kopf. Heute essen die Deutschen nach den Engländern die meisten Zwiebeln in Europa.

Die Zwiebel ist ein ganz besonderes Gemüse. Sie gehört zu den Liliengewächsen und ist normalerweise eine zweijährige Kulturpflanze. Es gibt rund dreihundert verschiedene Sorten: zum Beispiel die großen, milden Gemüsezwiebeln, die kleinen, zarten Perlzwiebeln, die roten Zwiebeln oder die Frühlingszwiebeln. Zum Würzen verwendet man die Knolle und die jungen Blattröhren der Frühlingszwiebeln. Sie bestehen zu fast neunzig Prozent aus Wasser, enthalten viel Vitamin C und Vitamine der B-Gruppe, Mineralien, Kohlenhydrate sowie Zucker und wirken antibakteriell. Vor der Erfindung der Antibiotika war die Zwiebel daher ein gebräuchliches Heilmittel bei Entzündungen. Sie ist also ausgeprochen gesund.

Sehr unangenehm ist die Verarbeitung mancher Zwiebel: Solange sie ungeschnitten auf dem Küchenbrett liegt, gibt es keinen Tränenfaktor. Angeschnitten entweichen den meisten Zwiebeln aber Stoffe, die unweigerlich das Wasser in die Augen treiben.

Wenn man eine Zwiebel zerschneidet, löst man, ohne es zu ahnen, eine chemische Kettenreaktion aus: In der äußeren Zellschicht der Zwiebel befindet sich eine schwefelhaltige Verbindung, die Aminosäure Iso-Alliin. Im Inneren der Zwiebelzelle steckt das Enzym Alliinase. Beide Begriffe stammen übrigens von der lateinischen Bezeichnung für Lauch (Allium) ab, zu dem auch die Zwiebel (Allium cepa) gehört. Enzyme sind Eiweiße, die bei vielen Lebewesen einen Großteil der chemischen Reaktionen in

Gang setzen, so auch bei der Zwiebel. Wenn man ihre Zellen mit einem Messer zerstört, kommen die beiden Stoffe in Kontakt. Das Enzym reagiert mit der Aminosäure, und es entsteht ein Stoff, der wie ein Tränengas wirkt.

Es gibt unzählige Tricks, die verhindern sollen, dass das Zwiebelschneiden zur tränenreichen Angelegenheit wird: von der brennenden Kerze neben dem Schneidebrett über den Unterwasserschnitt bis zur Taucherbrille. Ob's tatsächlich hilft? Einfach mal ausprobieren!

Warum wäscht heißes Wasser besser als kaltes?

Besonders unangenehm sind Flecken, wenn sie beim Mittagessen vor einem wichtigen Geschäftstermin entstehen. Bratensoße auf dem Kostüm, Schokolade auf der Bluse oder Salatdressing auf der Krawatte – wer keine Gelegenheit mehr hat, sich umzuziehen, wird in solchen Fällen wahrscheinlich mit einem leichten Anflug von Panik auf die Toilette stürmen und versuchen, die Essensspuren mit Handwaschseife und Wasser zu beseitigen. Und je hartnäckiger der Fleck, desto stärker werden gepeinigte Geschäftsleute dann das warme Wasser aufdrehen. So weit, bis sie sich beim Waschen fast die Finger verbrühen, frei nach dem Motto «Viel hilft viel» und je heißer das Wasser, desto besser seine Flecklösekraft. In der Regel liegen sie mit dieser Methode auch genau richtig.

Vier Faktoren spielen eine Rolle, wenn man waschen und Flecken entfernen will: Chemie, Zeit, Mechanik und die Temperatur. Sobald an einem dieser Elemente gespart wird, müssen die anderen einen entsprechend größeren Anteil übernehmen, damit die Wäsche sauber wird. Das heißt, bei einer geringen Temperatur muss man im Waschbecken halt länger und heftiger schrubben, bis der Fleck raus ist – oder man braucht mehr oder bessere Chemie. Umgekehrt funktioniert es aber auch, zum Beispiel bei einem Butterfleck im Küchenhandtuch. Hier braucht man weder Chemie noch viel Körpereinsatz, wenn dafür die Temperatur stimmt. Wenn sich das Fett nämlich mit kochendem Wasser konfrontiert sieht, löst es sich fast von allein auf und verschwindet durch den Abfluss. Spart man in diesem Fall allerdings an der Wärme, lässt sich der Fleck ein bisschen länger bitten und verschwindet nur, wenn Chemie hinzukommt, die das Fett vom Gewebe wieder loszulösen hilft. Das heißt: Seife drauf und kräftig rubbeln.

Ist unser Fettfleck allerdings auf einem Kleidungsstück gelandet, das ausschließlich kalt gewaschen werden darf, kommt man vermutlich mit der Handwaschseife auf der Restauranttoilette auch nicht mehr weiter. Dann ist Spezialchemie gefragt, um den Fleck aufzulösen, zum Beispiel eine Vorbehandlung mit fettspaltenden Enzymen. Die lockern die Fettstrukturen, damit sie hinterher vom Waschmittel endgültig beseitigt werden können.

Ein Fleck besteht in der Regel aus ziemlich stabilen chemischen Strukturen, die eine komplexe Verbindung mit dem Stoff eingehen, auf dem der Fleck sitzt. Um diese Verbindungen aufzubrechen und den Fleck aus dem Stoff zu lösen, braucht man Energie. Das warme Wasser hat dabei zweierlei Effekt. Zum einen löst es zumindest einen Teil des Flecks ganz allein, indem sich die Wassermoleküle an den Fleck anlagern und dessen Moleküle auseinanderzerren. Je höher dabei die Wassertemperatur, desto heftiger bewegen sich die Moleküle, und umso schneller wird der Fleck im Wasser aufgelöst. Zum anderen leistet das warme Wasser aber auch eine Form von «Vorarbeit» für das Waschmittel. Der Schmutz am Stoff nimmt nämlich durch die Wärme an Volumen zu. Dadurch vergrößert sich seine Oberfläche, und die Seife hat mehr Angriffsfläche, um sich anzulagern und den Fleck zu beseitigen.

Neben Fettflecken sind es vor allem pigmenthaltige Flecken wie Erde oder Lehm, die leichter rausgehen, wenn der Warmwasserhahn ein bisschen stärker aufgedreht ist. Lediglich eiweißhaltige Flecken, zum Beispiel Blut, sind eine Ausnahme. Wer sich also nicht bekleckert, sondern geschnitten hat, tut gut daran, den Fleck mit kaltem Wasser auszuwaschen, denn bei heißem Wasser denaturiert das Eiweiß und wird dadurch regelrecht im Gewebe fixiert. Alle anderen dürfen die Waschtemperatur zur effektiven Fleckentfernung so weit erhöhen, wie es die Empfindlichkeit von Stoff und Fingern zulässt.

Was hilft gegen Knoblauchgeruch?

Es ist schon ein Elend: Da ist etwas so richtig lecker und dazu noch geradezu unverschämt gesund, und dann darf man es nicht essen – jedenfalls dann nicht, wenn einige Zeit danach ein Zahnarztbesuch, Geschäftstermin oder Rendezvous auf dem Programm steht. Die Rede ist vom Knoblauch, dessen Geschmack und gesundheitsfördernde Wirkung die meisten Menschen sehr schätzen, dessen Geruch hingegen ausgesprochen unbeliebt ist. Wäre es da nicht wunderbar, wenn es ein kleines, probates Hausmittel gäbe, das ebendiesen Geruch unterbindet und einen Genuss ohne spätere Nebenwirkungen erlaubt? Schön wär's schon, aber es ist nicht realistisch. Denn leider kann man die Frage «Was hilft wirklich gegen Knoblauchgeruch?» lediglich mit einem halbherzigen «Eigentlich nichts so richtig» beantworten.

Der typische Knoblauchgeruch entsteht in dem Moment, in dem der Knoblauch gekaut, geschnitten oder gequetscht wird. Dann wird aus dem zunächst geruchsfreien Alliin die Schwefelverbindung Allizin gebildet, und die ist – gemeinsam mit den anderen aus ihr entstehenden Schwefelverbindungen – verantwortlich für den Geruch. In der Medizin, bei hochkonzentrierten Knoblauchpräparaten, geht man gegen das Allizin vor, indem man es durch andere, größere Moleküle einschließt. Komplexion nennen das die Chemiker. Dann kann man es nicht mehr riechen. Das ist zwar die effektivste Methode gegen den Geruch, leider fallen ihr neben den unerwünschten Geruchsstoffen auch diverse Geschmacksstoffe zum Opfer, sodass das Verfahren für die Küche nicht taugt. Hier gibt es nur zwei Varianten, die den Knoblauchgeruch ein wenig abmildern können.

Die erste Möglichkeit ist Fett: Legt man Knoblauch vor dem Gebrauch zum Beispiel in Öl ein, wandert das Allizin vom Knoblauch in das Öl. Dadurch wird der Knoblauch wesentlich milder. Wenn man das Fett dann nicht mitisst, nimmt man insgesamt weniger Allizin zu sich und wird am nächsten Tag auch weniger müffeln.

In der zweiten Variante kommen frische Küchenkräuter zum Einsatz. Pflanzen wie Rosmarin, Pfefferminze, Thymian, Basili-

kum oder Petersilie enthalten ätherische Öle. Die können mit dem Allizin reagieren und so den Knoblauchgeruch zumindest leicht abschwächen. Petersilie enthält außerdem noch reichlich Chlorophyll, ein Antioxidanz, das das Allizin binden und seinen Abbau beschleunigen kann. Wer nach dem Knoblauchgenuss also eine Handvoll frische Kräuter kaut, hat die Chance, den unangenehmen Mundgeruch zumindest etwas abzumildern.

Doch diese Akuthilfe ist nur von kurzer Dauer, denn Knoblauch hat die wunderliche Eigenschaft, die Umgebung selbst am nächsten Tag noch am Speiseplan des Knoblauchessers teilhaben zu lassen. Der stinkt dann nämlich im wahrsten Wortsinn aus allen Poren. Gegen diese Knoblauchausdünstungen über die Haut helfen am besten Wasser und Seife und ein paar frische Sachen, dann sollte der Mief schon weniger auffallen.

Natürlich kann man dem ganzen Ärger und Aufwand auch gleich aus dem Wege gehen und beim Kochen statt Knoblauch Bärlauch verwenden. Der lässt sich genauso verarbeiten, riecht und schmeckt sehr ähnlich, hat jedoch nicht die unangenehmen Nebenwirkungen. Oder man greift auf das simpelste, schmackhafteste und gleichzeitig geselligste Mittel zurück und isst den Knoblauch einfach in Gesellschaft – denn wenn alle stinken, merkt es keiner.

Warum kann auch die stärkste Pumpe Wasser nur zehn Meter hochsaugen?

Was gibt es Schöneres an heißen Sommertagen, als mit dem Strohhalm genüsslich eisgekühlte Getränke zu sich zu nehmen? Kinder stecken dabei manchmal gleich mehrere Strohhalme hinter- und ineinander und stellen dann fest: je länger der Halm, desto schwieriger das Saugen. Mit jedem Strohhalm wird die Anstrengung größer, sodass die Frage naheliegt: Wie weit kann man das Hochsaug-Spiel überhaupt treiben? Tatsächlich gibt es eine maximale Grenzhöhe, bis zu der sich eine Flüssigkeit hochsaugen lässt: die sogenannte maximale geodätische Saughöhe. Dabei handelt es sich nicht etwa um eine technische Beschränkung, die mit besseren Materialien zu überwinden wäre, sondern um eine prinzipielle physikalische Grenze. Also nicht nur durstige Kinder scheitern daran, eine Flüssigkeit aus größerer Tiefe heraufzusaugen, sondern auch die stärkste Wasserpumpe. Die maximale geodätische Saughöhe liegt bei ungefähr zehn Metern.

Um diese Begrenzung zu verstehen, muss man sich vor Augen führen, was beim Saugen einer Flüssigkeit durch eine Pumpe überhaupt geschieht. Hochsaugen bedeutet: Im Rohr ist der Druck niedriger als außen. Unten drückt der normale Luftdruck auf die Wasseroberfläche und so die Flüssigkeit in das Rohr. Vor dem Anlegen der Pumpe sind die Druckverhältnisse am oberen Ende des Rohres nicht anders. Auch von oben drückt der normale Luftdruck auf das Wasser in der Röhre. Das Ergebnis ist Stillstand: Das Wasser bewegt sich weder nach oben noch nach unten. Schaltet man nun die Pumpe ein, so verringert sie den Luftdruck im Rohr, und das Wasser steigt nach oben.

Aber die angesaugte Wassersäule hat Gewicht. Und irgendwann wird sie von der Erdanziehung stärker nach unten gezogen, als sie durch den Luftdruckunterschied nach oben gedrückt wird. Dann ist die maximale Saughöhe erreicht. Wie hoch diese Saughöhe ist, hängt theoretisch nur vom Luftdruck und der Wassertemperatur ab und in welcher Höhe über Normalnull sich der Standort der Pumpe befindet. Für Normaldruck (das sind 1013,25 Millibar, früher nannte man diesen Druck «eine Atmosphäre»), vier Grad kaltes Wasser und null Meter über dem Meeresspiegel beträgt die maximale Saughöhe 10 Meter und 33 Zentimeter. Bei niedrigem Luftdruck, etwa im Gebirge, liegt der Wert noch darunter. Und in der Praxis kommen noch verschiedene andere Faktoren hinzu, welche die theoretisch mögliche Höhe deutlich verringern: die Reibung der Flüssigkeit an den Rohrwänden, der Dampfdruck des Wassers oder auch der Restdruck, der in der Pumpe verbleibt, da keine Pumpe ein wirklich perfektes Vakuum erzeugen kann. Unterm Strich müssen sich die Pumpeningenieure mit einer maximalen Saughöhe von sieben bis acht Metern zufriedengeben.

Dennoch ist es durchaus möglich, Flüssigkeit auch aus weitaus größeren Tiefen an die Erdoberfläche zu befördern. Weder Bergbau noch Wasserbrunnen könnten sonst betrieben werden. Auch die Feuerwehr ist mitunter darauf angewiesen, Löschwasser aus großer Tiefe zutage zu fördern. Dabei wird allerdings nicht gesaugt, sondern gedrückt, das heißt: Die Pumpe kommt nach unten. Der Trick ist ganz einfach: In einer Saugpumpe kann nur maximal ein Unterdruck bis zum absoluten Vakuum entstehen – daher die begrenzte Saughöhe. In einer Druckpumpe hingegen kann ein fast beliebig großer Überdruck erzeugt werden. Wasser aus mehreren hundert Meter Tiefe hinaufzubringen ist so kein Problem. Und die unüberwindliche physikalische Sauggrenze verliert ihre Bedeutung.

Fördern Schnaps und Espresso die Verdauung?

Ein schönes, reichhaltiges Essen bedarf eines krönenden Abschlusses. Und für viele ist das der Espresso. Oder ein Schnaps. Schließlich fördere das die Verdauung, so der landläufige Glaube. Doch um zu klären, ob diese Getränke den guten Ruf zu Recht genießen, ist es wichtig, einen kleinen Exkurs in die Physiologie unserer Verdauung zu unternehmen.

Zunächst gelangt unser opulentes Mahl in den Magen. Der nimmt erst einmal alles auf, was wir essen können. Mehrere Liter können es zur Not sein, vieles davon unter Umständen auch noch schlecht zerkaut. Damit steht die Verdauungsmaschine vor ihrem ersten Problem, denn Messungen haben ergeben, dass nur feste Teile mit einer Größe unter fünf Millimetern den Magen verlassen können. Überwacht wird der Übergang in den Darm vom sogenannten Magenpförtner. Er funktioniert wie ein Sieb und hält jeden zu großen Brocken im Magen zurück. Daher ist zunächst eines ganz wichtig: die intensive Zerlegung des Mageninhalts.

Das passiert auf zwei Wegen. Erstens chemisch mit Hilfe der Magensäure. Zweitens mechanisch mit Hilfe der Magenwände, die sehr muskulös gebaut sind. Nach einer Mahlzeit verkrampfen sich diese Muskeln regelrecht. Dadurch wird der Inhalt ordentlich gequetscht und zerdrückt.

Jetzt kommt der Kaffee ins Spiel. Entscheidend sei dabei das Koffein, sagt der Gastroenterologe Prof. Tobias Goeser von der Universität Köln. «Das Koffein ist eine pharmakologisch aktive Substanz. Sie bewirkt eine Steigerung der Aktivität der Magenbewegung. Das heißt, der Magen wird sich kräftiger zusammenziehen und dadurch schneller den Speisebrei zerkleinern», erläu-

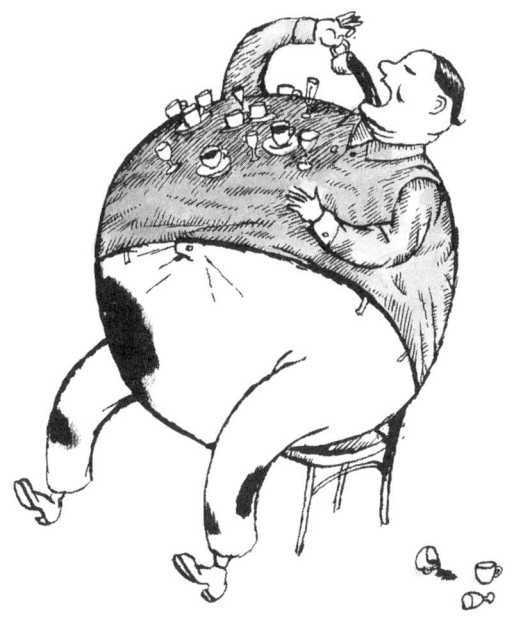

tert der Verdauungsexperte. Der Speisebrei kann rascher in den Zwölffingerdarm und den nachfolgenden Dünndarm transportiert werden. Und das Ergebnis ist für den Kaffeegenießer genau das, was er von einem Verdauungsförderer erwartet – der Druck im Magen und das Völlegefühl lassen schneller nach. Fazit: Die Kaffee- und Espressogenießer bilden sich nicht nur ein, dass die Verdauung profitiert.

Bleibt noch der Schnaps. Da ist die Sache nicht ganz so eindeutig. So werde die Fettverdauung, die in der Leber stattfindet, durch Alkohol nicht gefördert, sondern sogar gestört, erläutert Tobias Goeser. «Das hängt damit zusammen, dass der Alkohol eine toxische Substanz ist, die der Körper schnellstmöglich eliminieren muss. Und das heißt: Er wird als Erstes abgebaut, und alle anderen Aufgaben werden zurückgestellt.» Im Magen ist der Effekt des Verdauungsschnapses dagegen eher positiv. Denn der Alkohol stimuliert die Säureproduktion und fördert damit die chemische Zerlegung des Mageninhalts. Eine Stufe weiter im Verdauungsprozess ist die Wirkung dagegen umgekehrt: Der Alkohol hemmt dort die Produktion wichtiger Verdauungssäfte, die für die Verwertung von Fetten, Kohlenhydraten und anderen Nahrungsbestandteilen unerlässlich sind. Fazit für den Schnaps: Aus medizinischer Sicht bleibt nicht viel übrig von der angeblich verdauungsfördernden Wirkung – anders als beim Kaffee.

Kann in engen Konferenzräumen der Sauerstoff knapp werden?

Jeder, der schon einmal an einer Mammutkonferenz teilgenommen hat, kennt die Situation genau: Da steht Kollege Müller seit einer geschlagenen Dreiviertelstunde am Kopf des Konferenztisches und quält die Kollegen mit epischen Ausführungen zu seiner Powerpoint-Präsentation. Fenster und Türen sind geschlossen und abgedunkelt, damit die geneigten Kollegen den an die Wand projizierten Tabellen auch folgen können, und jede einzelne davon wird wortreich erklärt. Die übrigen Konferenzteilnehmer unterdrücken währenddessen ein Gähnen und schielen auf die Tagesordnung. Aber auf der ist auch nicht viel zu erkennen, was Hoffnung auf ein schnelles Ende macht, denn auf Müller folgen noch Grünke, Fischer und Heidenstrauch-Kloppelstek.

In solch einer Situation kann dann den einen oder anderen schon mal eine innere Unruhe befallen: Was ist, wenn die alle so lange reden? Wenn die Konferenz noch Stunden dauert – im Dunkeln, bei geschlossenen Fenstern? Werden am Ende alle ersticken? So verständlich diese Besorgnis ist, so unbegründet ist sie auch. Der Sauerstoff im Raum wird so schnell nicht ausgehen, denn der

Mensch braucht davon je nach körperlicher Aktivität lediglich zwischen zehn und fünfzig Liter pro Stunde. In einem Konferenzraum von zwanzig Quadratmetern befinden sich aber rund zehntausend Liter Sauerstoff, das heißt, die Abteilung kann locker ein bis zwei Tage durchkonferieren, bis der Vorrat verbraucht ist.

Trotzdem wird vermutlich den meisten Kollegen ab einer gewissen Konferenzdauer die Luft immer stickiger vorkommen. Dann schreien alle innerlich danach, eines der abgedunkelten Fenster weit aufzureißen, um endlich wieder Luft zu kriegen. Eine ganz normale Reaktion, aber was den Konferenzteilnehmern da zu schaffen macht, ist nicht ein Zuwenig an Sauerstoff, sondern ein Zuviel an anderen lästigen Substanzen: Kohlendioxid und flüchtigen organischen Verbindungen, sogenannten VOCs («volatile organic compounds»).

Da ist zum einen Kohlendioxid. Dieses Gas, das wir Menschen ausatmen, ist in größeren Mengen nämlich ein durchaus wirksames Narkosemittel. In einem Raum mit guter Luftqualität liegt der Kohlendioxidanteil nicht über 0,1 Prozent. Das kann aber bereits nach etwa einer Stunde in einem ungelüfteten Raum der Fall sein. Die flüchtigen organischen Verbindungen stammen vom Beamer, Teppich, Folienstift – aber natürlich auch von den ausharrenden Konferenzteilnehmern. Je mehr Kohlendioxid und VOCs in die Luft entweichen, desto schlechter wird sie, und jeder bekommt die Wirkung zu spüren: Wir fühlen uns unwohl, empfinden die Raumluft als miefig und stickig. Im Zentralnervensystem wird die Fortleitung von Nervenimpulsen gedämpft, was zu Konzentrationsproblemen und Müdigkeit führt. In Extremfällen kann es zu Kopfschmerzen oder Schwindelgefühlen kommen oder schlicht dazu, dass der eine oder andere einnickt.

Und glauben Sie nicht, dass in solchen Fällen der Gasaustausch durch Schlüsselloch oder Türschlitz da irgendetwas bewirken könnte. Oder die von Kollegin Merzig so eifrig gepflegte Grünlilie.

Nein, der Frischluftbedarf ist viel größer: Wenn wir bei unserem 20-Quadratmeter-Norm-Konferenzraum bleiben und von zehn Teilnehmern ausgehen, dann müsste die Luft etwa alle anderthalb Stunden komplett ausgetauscht werden, um einen nennenswerten Anstieg der Kohlendioxid- und VOC-Konzentration zu verhindern. Ansonsten werden die meisten Teilnehmer das Ende der Konferenz wohl eher an sich vorbeirauschen lassen, statt aufmerksam zu folgen. Etwas Schlimmeres, als dass alle einschlafen, wird aber vermutlich nicht passieren, denn Kohlendioxid ist nur in sehr hoher Konzentration für den Menschen gefährlich. Spätestens dann, wenn die Putzfrauen am nächsten Morgen Türen und Fenster öffnen, sollten daher auch die Teilnehmer einer unbelüfteten Mammutkonferenz wieder aus ihrem Dornröschenschlaf erwachen.

Warum drehen sich Räder im Film scheinbar rückwärts?

Nur, um Ihnen Zeit zu sparen: Sie können sich noch so lange hinter die Leitplanke stellen und auf die Räder der vorbeirauschenden Autos starren: Keines von ihnen wird je so aussehen, als würde es sich rückwärtsdrehen. Wer diesen Effekt erleben will, muss zuerst von der Autobahn in den Kinosessel wechseln. Am besten funktioniert es bei Western. Kaum hat sich der Treck in Bewegung gesetzt und an Geschwindigkeit gewonnen, da scheinen sich die Speichen der Planwagen auf einmal tatsächlich in die falsche Richtung zu bewegen. Die Räder sehen so aus, als drehten sie sich rückwärts. Physiker nennen das «Stroboskop-Effekt», Filmemacher auch «Wagenradeffekt».

Die Ursache für diese erstaunliche Erfahrung der Kinobesucher ist der Film selbst. Kinofilme werden in der Regel mit vierundzwanzig Bildern pro Sekunde aufgenommen. Das heißt, die eigentlich kontinuierliche Fahrt der Planwagen wird in vierundzwanzig Momentaufnahmen unterteilt. Aus diesen Einzelbildern setzt unser Gehirn dann eine Bewegung zusammen. Es vergleicht das erste Bild mit dem nächsten, stellt fest, was sich verändert hat, und errechnet aus dieser Veränderung die Bewegung, die zwischenzeitlich stattgefunden haben muss. Es ist derselbe Effekt, wie man ihn vom Daumenkino kennt: Auch dort wird vom Gehirn aus Einzelbildern eine Bewegung zusammengesetzt, wenn man die Seiten nur schnell genug am Daumen vorbeigleiten lässt.

Und genau das ist die Crux. Filmt ein Regisseur beispielsweise eine Schlange, die langsam durch das Bild gleitet, dann wird man auf jedem Einzelbild sehen, wie sie Stück für Stück von links nach rechts vorankommt. Unser Gehirn ergänzt die Bewegungen, die zwischen den einzelnen Bildern liegen, und versorgt uns so mit dem Eindruck einer kontinuierlichen Bewegung. Bei einer Schlange mit einer klaren Richtung ist das auch kein Problem. Kompliziert wird es erst, wenn sich der abgebildete Gegenstand nicht gerade, sondern rund wie ein Rad bewegt. Dann kann es sein, dass das Gehirn durcheinanderkommt.

Das Gehirn sucht sich nämlich immer die Bewegung aus, die am kürzesten ist. Und da der Zuschauer die einzelnen Speichen nicht unterscheiden kann, wird sein Gehirn die Bewegung des Rades bei einer bestimmten Speichenposition in die falsche Richtung vervollständigen. Dann sieht es so aus, als ob das Rad sich rückwärtsdreht. Ein Beispiel: Wir haben ein Planwagenrad mit zwölf Speichen. Auf dem ersten Bild stehen die Speichen genau so, dass sie den Stunden auf der Uhr entsprechen. Eine der Speichen zeigt also senkrecht nach oben auf zwölf Uhr. Auf dem nächsten Bild, das die Filmkamera aufzeichnet, ist diese Speiche schon ein gutes Stück vorangekommen. Sie steht jetzt auf kurz vor eins. Das bedeutet aber auch, dass die Speiche von elf Uhr jetzt auf kurz vor zwölf steht. Das Gehirn nimmt – wie erwähnt – die kürzeste Entfernung als die plausibelste an und geht daher davon aus, dass es die Speiche von der Zwölf ist, die jetzt auf kurz vor zwölf zu sehen ist, dementsprechend ergänzt es die fehlende Bewegung. Für den Kinobesucher scheint sich das Wagenrad dann statt vorwärts deutlich langsamer rückwärtszudrehen.

Sollte die Speiche ausgerechnet in einer Vierundzwanzigstelsekunde von zwölf bis eins kommen, dann sieht es sogar so aus, als stünden die Räder still, denn auf den Einzelbildern ist die Bewegung der Speichen nicht erkennbar. Fahren die Planwagen dann noch schneller, dann scheinen sich die Räder auch für uns wieder vorwärts zu drehen.

Woher kommt der Peitschenknall?

An manchen scheinbar ganz simplen Phänomenen des Alltags beißen sich die Forscher erstaunlich lange die Zähne aus, bis sie endlich auf des Rätsels Lösung stoßen. Dazu gehört zum Beispiel der widerspenstige Duschvorhang, der wie von Zauberhand immer in die Kabine hineingesaugt wird. Oder eben der Peitschenknall. Auf den ersten Blick könnte man meinen, die Ursache für den vehementen Knall, den geübte Peitschenschwinger mit ihrem Arbeitsgerät erzeugen können, sei ein kräftiger Schlag der Peitschenspitze auf den Boden. Eine weitere beliebte Theorie ist, dass die Peitsche so im Bogen geschwungen wird, dass sie kräftig gegen sich selbst schlägt.

Der tatsächlichen Lösung dieses Rätsels kamen deutsche Physiker bereits vor mehr als hundert Jahren, nämlich 1905, auf die Spur. Sie erkannten, dass dem explosionsartigen Geräusch ein

Überschallknall zugrunde liegt, ähnlich wie wir ihn von einem Düsenflugzeug kennen: Geräusche entstehen stets durch schnelle Bewegungen, die Stoßwellen in der Luft erzeugen. Wenn die Bewegung aber schneller ist als die Schallgeschwindigkeit selbst – also mehr als etwa 330 Meter pro Sekunde –, dann überholen sich die Schallwellen gewissermaßen. Es bildet sich eine steile Schalldruckfront, die vom Ohr als lauter Knall wahrgenommen wird.

Bei dieser Gelegenheit kann auch mit einem anderen verbreiteten Irrtum aufgeräumt werden: Das erste von Menschen hergestellte Gerät, das nachweislich die Schallmauer durchbrach, war keineswegs das amerikanische Raketenflugzeug Bell X-1, das 1947 schneller als der Schall durch die Luft raste, sondern die Peitsche, die schon seit Jahrhunderten zum Knallen gebracht wird.

Aber wie entsteht beim Schwingen der Peitsche diese rasend schnelle Bewegung, die den Überschallknall hervorbringt? Eine erste theoretische Berechnung entwickelte Mitte des 20. Jahrhunderts der aus Ungarn stammende Physiker István Szabó. Er schwang in seiner Vorlesung an der Technischen Universität Berlin selbst im Hörsaal die Peitsche und erklärte anschließend den Knall mit Formeln an der Tafel.

Zum ersten Mal sichtbar und dadurch im Detail nachvollziehbar machten Forscher des Freiburger Fraunhofer-Instituts den Peitschenknall erst im Jahr 1998. Dazu filmten sie den Augenblick des Knalls mit einer Hochgeschwindigkeitskamera und erkannten: Der Peitschenschwinger erzeugt durch eine geschickte Bewegung eine Schlaufe in der Schnur, die dann mit wachsender Geschwindigkeit auf das Ende der Peitsche zuläuft. An diesem Ende nun sitzt eine Quaste, die durch die ankommende Schlaufe in eine blitzschnelle Umschlagbewegung versetzt wird. Dabei fächert sich die Quaste auf und verdrängt in Sekundenbruchteilen relativ große Luftmengen, die sich durch die hohe Geschwindigkeit zum Überschallknall verdichten.

Aber damit war die wissenschaftliche Neugier längst nicht befriedigt: Im Jahr 2002 nahmen US-Forscher aus Arizona den Schwung der Peitsche noch einmal ganz genau unter die Lupe. Dabei konnten sie messen, dass schon die Schlaufe auf ihrem Weg zur Peitschenspitze die Schallmauer durchbricht. Sie rast mit etwa 345 Metern pro Sekunde auf die Spitze zu. Die Quaste müsse daher, so berechneten die Physiker, mit rund doppelter Schallgeschwindigkeit herumschnellen.

Entscheidendes Teil der Peitsche für einen beeindruckenden Knall ist also die Quaste am Ende, die passenderweise «Cracker» genannt wird.

Ist Salz wirklich ewig haltbar?

Salz war früher begehrt und wertvoll. Es wurde weißes Gold genannt und mit echtem Gold aufgewogen. Auch der Begriff «Salär» für Lohn stammt aus dieser Zeit, in der harte Arbeit mit Salz bezahlt wurde. Dass Salz besonders haltbar ist und kaum «schlecht» werden kann, war für den Handel mit Salz sicherlich von großer Bedeutung. Aber es gehört eben auch zu den elementaren Dingen des Lebens und wird deshalb seit Jahrtausenden gewonnen. In wärmeren Regionen lässt man noch heute Meerwasser in flachen, großen Becken verdunsten. Das Salz kristallisiert aus und kann abgeschöpft werden. Aber auch abseits der Küsten wurde aus versalzenem Grundwasser und salzhaltigen Quellen schon früh Salz gewonnen, viele Ortsnamen wie Reichenhall oder Salzuflen deuten darauf hin. Weil die Sonne zu schwach war, wurde die gesättigte Sole meist in flachen Siedepfannen mit der Hitze des Feuers eingedampft. Durch den enormen Holzbedarf sind neue Kulturlandschaften wie die Lüneburger Heide entstanden. In-

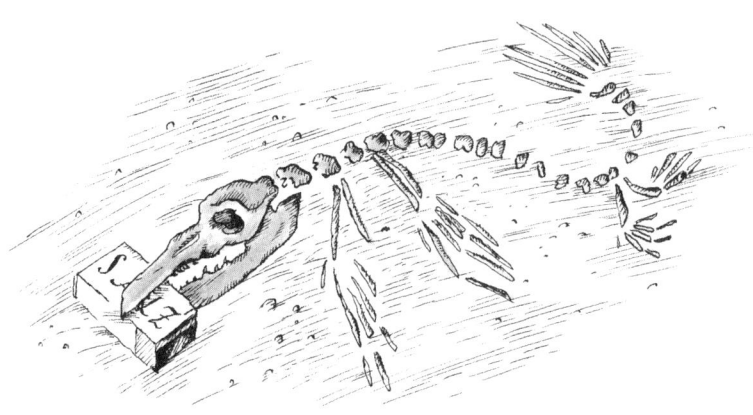

zwischen wird Salz auch unter Tage in Bergwerken abgebaut und ist zu einem leicht erhältlichen Rohstoff geworden. Sein Wert ist gefallen, obwohl es nach wie vor wichtig ist. Zum Beispiel als Speisesalz: Salzlose Speisen schmecken meist sehr fad. Man spricht nicht umsonst vom «Salz in der Suppe». Kochsalz wird zum Würzen in fast allen Speisen und Lebensmitteln verwendet, eine Prise Salz gehört zum Backen einfach dazu. Gemüse wird gewöhnlich in Salzwasser gekocht, dadurch bleiben wichtige Inhaltsstoffe erhalten.

Speisesalz ist lebenswichtig für den Wasserhaushalt, das Nervensystem, die Verdauung und den Knochenaufbau des Menschen. Durch Verluste wie Schwitzen müssen täglich mindestens drei bis sechs Gramm, höchstens aber zwanzig Gramm wieder zugefügt werden. Noch mehr Salz ist ungesund, extremer Salzgenuss kann sogar tödlich sein. Zu wenig Salz ist aber auch nicht gut. Bei weniger als zwei Gramm täglich erlahmt das Durstgefühl, eine Austrocknung droht.

Außerdem ist Salz ein wichtiger Grundstoff der chemischen Industrie. Es dient zur Herstellung von Arzneimitteln, der Gewinnung von Chlor, wird benötigt zur Erzeugung von vielen Kunststoffen, beispielsweise PVC, und dient nicht zuletzt im Winter in Form von Streusalz als Taumittel. Früher – in den Zeiten vor Erfindung des Kühlschranks – war Salz auch ein begehrtes Konservierungsmittel und machte Lebensmittel wie Fisch und Fleisch für einen längeren Zeitraum haltbar.

Reines Salz ist Natriumchlorid – eine Verbindung aus Natrium und Chlor – und bindet keine Flüssigkeit. Bei gewöhnlichem Kochsalz ist Natriumchlorid mit kleinen Teilen anderer Salze vermischt. Besonders der Anteil an Magnesiumchlorid führt dazu, dass Kochsalz Wasser zieht und dann verklumpt. Trockenes Salz ist tatsächlich fast ewig haltbar. Das liegt daran, dass Salz ein anorganischer Stoff ist. Im Mineral haben sich Natrium und Chlor zu einem stabilen Molekül zusammengefunden, das keine «Kraft» mehr hat, um weiterzureagieren. Aber das Verfaulen, Schimmeln – kurz «Schlechtwerden» – ist ein Prozess, der einer Verbrennung gleicht. Um ihn in Gang zu setzen, benötigen die Schimmelpilze oder Fäulnisbakterien viel Energie. Da Salz als Energielieferant nicht taugt, kann es auch nicht verderben. Übrigens steht Salz damit nicht allein da: Die meisten Mineralien sind stabil. Angefangen beim gewöhnlichen Sand – einer Verbindung aus Silizium und Sauerstoff – bis hin zu wertvollen Edelsteinen wie Smaragden, Rubinen und Opalen. Und schon befindet sich das ehemalige «weiße Gold» Salz wieder in bester Gesellschaft!

Warum sind Beipackzettel so kompliziert gefaltet?

Böse Zungen nennen sie das «Origami der Pharmaindustrie»: die Beipackzettel in den Tablettenpackungen mit ihrer undurchschaubaren, verwirrenden Faltung. Sind sie erst einmal komplett entfaltet und glatt gestrichen, scheint es unmöglich, den Papierbogen wieder halbwegs unzerknüllt auf Verpackungsgröße zusammenzulegen. Nach dem sorgfältigen Studium der Nebenwirkungen kann man zwar besorgt die Stirn in Falten legen – nicht aber den verflixten Zettel. Im Vergleich zu dem unverständlichen Kauderwelsch, mit dem immer noch zu viele Beipackzettel die Patienten mehr verwirren als aufklären, ist das Problem der Faltung zwar eher leicht zu verkraften. Dennoch packt manch einen Heilungssuchenden durchaus die Wut, wenn der dünne, riesige Bogen einfach nicht wieder in die Pillenpackung passen will.

Den Beipackzettel in die Medikamentenschachtel zu packen, ist auch für die Pharmahersteller keine ganz leichte Aufgabe. Denn die Textmenge, die darauf untergebracht werden muss, erfordert selbst bei der üblicherweise verwendeten winzigen Schriftgröße einen Papierbogen, der die Größe der Verpackung um ein Vielfaches übersteigt. Würde man ihn intuitiv falten wie einen Brief, ergäbe das eine dicke Papierwulst, die die Maße der Schachtel sprengen würde.

Ein Beipackzettel ist aber normalerweise eben gerade nicht kompliziert, sondern auf die einfachstmögliche Art zusammengefaltet: Der Zettel wird in aller Regel in eine Faltrichtung in der Mitte geknickt, immer die untere Hälfte nach oben, bis aus einem beispielsweise dreißig Zentimeter langen Bogen eine fingerdicke verwickelte Papierwurst geworden ist. Daher nennen Fachleute diese simple Faltung auch Wickelfalz. Sie ist für uns allerdings wenig intuitiv, da man automatisch nach einigen Faltungen in eine Richtung den immer schmaler werdenden Papierstreifen einmal quer falten möchte – aber das ist beim Beipackzettel nur in Ausnahmefällen bei besonders großen Formaten vorgesehen.

Für den Wickelfalz gibt es nicht nur technische Gründe: Zum einen ist es für eine Faltmaschine am einfachsten, immer in die gleiche Richtung zu falten. Für eine Querfaltung, einen sogenannten Kreuzbruch, muss eine zusätzliche Vorrichtung an die Maschine angebaut werden. Zum anderen ist es für die Pharmahersteller wichtig, dass bestimmte Informationen beim Herausziehen des Beipackzettels aus der Schachtel sofort klar ersichtlich sind: So sollen zum Beispiel der Name des Präparats und nach Möglichkeit auch der Wirkstoff am Ende der Faltung außen zu lesen und nicht durch die Faltung verdeckt sein. Viele Hersteller arbeiten mit Strichcodes auf dem Beipackzettel, die ebenfalls nach dem Falten außen liegen müssen. Und das gelingt mit dem Wickelfalz eben am besten.

Wie kann man nun also einen Beipackzettel wieder so zusammenbekommen, wie er ursprünglich gefaltet war? Legen Sie den Zettel flach auf den Tisch. Der Name des Präparats sollte auf der Unterseite oben stehen. Dann falten Sie immer die untere Hälfte nach oben, bis der verwickelte Papierstreifen dünn genug für die Verpackung ist. Dieses einfache Verfahren funktioniert bei vielen Medikamenten und zeigt, dass die Pharmahersteller mit ihrer Falttechnik durchaus einem einsichtigen Prinzip folgen. Es ist also nur ein böses Gerücht, dass durch die Faltung der Verbrauch von Kopfschmerztabletten in die Höhe getrieben werden soll, weil uns vom Beipack-Origami der Schädel brummt.

Warum läuft Wäsche ein?

Es ist ein großes Rätsel und eine Gemeinheit dazu: dieses T-Shirt, rot, Größe 38, mit V-Ausschnitt. Im Laden hat es noch tadellos gepasst, aber nach der Wäsche scheint es sich höchstens noch um Größe 36 zu handeln. Auf einmal fehlen da ein paar Zentimeter – spurlos verschwunden! Oder der wunderschöne Pullover, von dem man beim Einkauf so sicher war, dass er ganz bestimmt hervorragend zu dieser und jener Hose passt – frisch aus der Maschine gezogen, können ihn höchstens noch die lieben Kleinen zu ihren Jeans tragen. Frustrierend! Und leider ist dieser Frust nicht immer zu vermeiden, denn alle Naturfasern und auch viele Chemiefasern können in der Waschmaschine einlaufen, besonders dann, wenn sie bei ihrer Verarbeitung unsanft behandelt wurden.

Wann immer auf der Welt ein T-Shirt oder ein Pullover entsteht, wird bei seiner Herstellung ordentlich am Garn gezogen. Beim Weben oder Stricken werden die einzelnen Fasern überdehnt, dadurch entstehen Spannungen im Gewebe, Moleküle im Garn verschieben sich gegeneinander. Um wieder in ihren entspannten Urzustand zurückkehren zu können, brauchen diese Moleküle Energie, und genau die holen sie sich aus der Wärme des Waschwassers. Dabei gilt: Je heißer das Wasser ist, desto mehr Energie enthält es, und umso stärker können die Fasern wieder schrumpfen – im Extremfall um bis zu zehn Prozent.

Das Wasser selbst wirkt dabei wie eine Art Schmierfilm für die verschobenen Fasern und Moleküle, der es ihnen erleichtert, in ihre Ausgangsposition zurückzukehren. Bei Baumwolle und Wolle sorgt es außerdem dafür, dass die Fasern quellen und so ebenfalls

kürzer werden. Als dritter Faktor gibt schließlich die rotierende Trommel dem Schrumpfprozess noch einmal richtig Schwung, denn ein Kleidungsstück schrumpft besonders stark, wenn es sich bewegen kann. Vor allem, wenn die Maschine nur halb beladen ist, haben die Textilien in ihrem Inneren viel Bewegungsfreiheit, und die Garne können leichter in ihren Ausgangszustand zurück. Spezielle Wollprogramme bei neueren Maschinen waschen daher lauwarm und mit möglichst wenig Bewegung.

Im Trockner kann die Wäsche natürlich auch einlaufen, vor allem dann, wenn die Temperatur zu hoch ist und die «Bitte nicht trocknen»-Hinweise auf dem Etikett ignoriert werden. Sehr empfindlich gegenüber Trocknerwärme sind zum Beispiel Kunstfasern, aber auch Pullover aus reiner Wolle überleben den Trockner in der Regel nicht.

Wer sicher sein möchte, dass er seine T-Shirts nach der Wäsche unbeschadet aus der Maschine ziehen kann, der sollte möglichst auf Qualität achten. Denn bei hochwertigen Produkten findet in der Regel am Ende des Herstellungsprozesses eine sogenannte Thermofixierung statt. Dabei werden die Textilien quasi vorgeschrumpft, sodass Waschmaschine und Trockner ihnen nichts mehr anhaben können. Eine andere Möglichkeit ist es, T-Shirts gleich eine Nummer größer zu kaufen und das Einlaufen mit einzukalkulieren. Sollte allerdings die alte, bereits mehrfach gewaschene Hose auf einmal kneifen und das teure, vorgeschrumpfte T-Shirt spannen, dann hilft nur noch eines: Machen Sie eine Diät!

Warum zählt man beim Tennis 15 – 30 – 40?

Für die meisten Deutschen beginnt die Tennisgeschichte erst am 7. Juli 1985. An dem Tag verwandelte ein rothaariger Nachwuchsspieler namens Boris Becker seinen Matchball auf dem Centre Court des All England Tennis Club in Wimbledon. Dieser erste große Erfolg des damals siebzehnjährigen Jungen aus dem Provinzstädtchen Leimen begründete in Deutschland einen Boom, der Tennis für die nächsten zwei Jahrzehnte in die Riege der beliebtesten Sportarten der Deutschen aufrücken ließ. Aber Tennis wird natürlich schon sehr viel länger gespielt.

Die Ursprünge des modernen Tennis liegen nicht, wie man angesichts der Traditionsmanie von Wimbledon vielleicht meinen könnte, in England, sondern in Frankreich. Im 14. und 15. Jahrhundert war dort zunächst beim Hochadel, später auch beim sogenannten einfachen Volk das «Jeu de Paume» (französisch für «Spiel mit der Handinnenfläche») populär. Es wurde bereits ganz ähnlich gespielt wie das heutige Tennis und nach einiger Zeit auch «Tenes» genannt. Die Menschen waren damals so begeistert von dem neuen Spiel mit Ball und Schläger, dass die Zeitungen beklagten, es gebe in Frankreich «mehr Tennisanlagen als Kirchen» und die Spieler verlören «an einem einzigen Tag ihren Wochenlohn». Hier beginnt die Fährte, die zur Erklärung der sonderbaren Zählweise führt, die bis heute im Tennissport ihre Gültigkeit hat.

«Tenes» wurde um Geld gespielt. Zu dieser Zeit waren in Frankreich silberne 60-Sous-Münzen und kleinere Münzen zu 15 Sous im Einsatz. Für einen gewonnenen Punkt gab es 15 Sous, nach vier Punkten hatte der Spieler dann eine große 60-Sous-Münze beisammen und somit ein «Jeu» gewonnen. Gezählt wurde also «15 – 30 – 45 – Spiel».

Erst Mitte des 19. Jahrhunderts wurde dieser Sport in Großbritannien populär. Er wurde auf Rasen gespielt und bekam daher den Namen «Lawn Tennis». Für das erste Tennisturnier in Wimbledon im Jahr 1877 stellten die britischen Tennispioniere einen festen Regelkatalog auf und legten eine einheitliche Spielfeldgröße fest. Da den Engländern das «forty-five» in der Zählung zu umständlich war, verkürzten sie es auf «forty». Damit war die heute noch gültige Zählweise «15 – 30 – 40 – Spiel» geschaffen. Ebenfalls zu dieser Zeit wurde festgelegt, dass man für den Gewinn eines Satzes sechs Spiele benötigt.

Es gibt noch eine zweite Theorie, wie es zur Zählweise der Punkte kam. Auch sie geht zurück auf das «Jeu de Paume», das 1908 sogar olympisch war und heute noch von einigen tausend Aktiven gespielt wird. Wer einen Punkt gewonnen hatte, durfte von der Grundlinie aus um 15 Zoll nach vorn rücken, bis er nach dem dritten Punkt die 45-Zoll-Linie erreicht hatte. Da es sich aber erwies, dass sich diese Linie zu dicht am Netz befand, wurde sie auf 40 Zoll verlegt.

Unterschiedliche Theorien gibt es auch für eine weitere Besonderheit der Zahlenwelt im Tennis: Die «Null» heißt dort nämlich auf Englisch nicht etwa «zero», sondern «love». Die Franzosen behaupten nun, dies ginge auf «l'œuf», das Ei, zurück, woran eine Null auf der Anzeigentafel durchaus erinnert. Die Briten hingegen sind der Ansicht, Hintergrund dieser Zählweise sei die Redewendung «to do something for love», also «etwas umsonst tun», da ein Spieler, der ein Spiel zu null abgibt, sich offenbar umsonst abgemüht hat. Wer nun recht hat, ist nicht eindeutig zu entscheiden. Sicher ist aber wohl, dass sich die meisten deutschen Tennisfans schon lange in die Zeit zurückwünschen, in der auf ein «40 – Love» meist ein «Game Becker» folgte.

Über die Autoren

Ariane Hoffmann, geboren auf der Durchreise in Siegen, aufgewachsen in Paderborn, glücklich in Dortmund. Hörfunk-Journalismus ist ihre Leidenschaft, Cockerspaniels sind ihre Liebe. Die besten Ideen kommen ihr beim Gassigehen, zum Beispiel im Westfalenpark – neuerdings sogar mit Jahreskarte. Von ihr stammen die Artikel auf S. 21, 24, 43, 47, 60, 71, 88, 101, 110, 112, 130, 145, 162.

Verena von Keitz, Jahrgang 1971, besuchte nach ihrem Biologiestudium die Henri-Nannen-Journalistenschule in Hamburg und arbeitet seit 2001 als freie Wissenschaftsjournalistin vor allem für den WDR, den Deutschlandfunk und die Deutsche Welle. Von ihr stammen die Artikel auf S. 17, 26, 29, 32, 36, 63, 86, 97, 106, 119, 133, 141.

Thomas Liesen, geboren 1964, ist Journalist und promovierter Biologe. Er arbeitet seit 1995 als Hörfunk- und Fernsehautor für den öffentlich-rechtlichen Rundfunk (unter anderem WDR, Arte, Deutschlandradio). Seine mehrfach preisgekrönten Reportagen und Dokumentationen beschäftigen sich vorwiegend mit dem Spannungsfeld zwischen Medizin, Wissenschaft und Gesellschaft. Von ihm stammen die Artikel auf S. 13, 31, 38, 52, 58, 95, 125, 154.

Katja Nellissen, geboren 1974 in Aachen, studierte Journalistik und Theaterwissenschaften und arbeitet seit 1994 als freie Autorin für Radio und Fernsehen. Ihre Liebe gilt den kleinen Rätseln des Alltags. Die hat sie unter anderem schon für «Die Sendung mit der Maus» und das WDR-Wissenschaftsmagazin «Leonardo» gelöst. Sie lebt in Köln. Von ihr stammen die Artikel auf S. 15, 19, 56, 69, 73, 77, 79, 81, 83, 99, 108, 117, 126, 139, 147, 149, 156, 158, 167.

Sascha Ott, geboren 1971, studierte Physik und Journalistik in Köln, Dortmund und im Ausland. Der promovierte Kommunikationswissenschaftler fand über ein Volontariat beim WDR zum Hörfunk. Seit 1999 arbeitet er als freier Wissenschaftsjournalist für verschiedene Sender, unter anderem für den WDR und den Deutschlandfunk. Seit 2007 tritt er als Mitglied der «Physikanten» mit physikalischen Experimentalshows öffentlich auf. Von ihm stammen die Artikel auf S. 34, 41, 45, 50, 54, 67, 74, 90, 104, 115, 128, 135, 137, 143, 152, 160, 165, 169.

Aljoscha Blau, geboren 1972 in St. Petersburg, hat zahlreiche Kinder- und Jugendbücher illustriert. Sein Werk wurde mit verschiedenen nationalen und internationalen Preisen ausgezeichnet, darunter dem renommierten Bologna Ragazzi Award 2006 und dem Deutschen Jugendliteraturpreis 2003 und 2007.

Martin Gent, geboren 1966 in Dortmund, arbeitete nach dem Studium der Biologie als freier Autor, unter anderem für das NDR-Fernsehen und die «Frankfurter Allgemeine Zeitung». Seit 2001 ist er Redakteur, seit 2002 stellvertretender Leiter der Redaktionsgruppe Wissenschaft, Umwelt und Technik beim Westdeutschen Rundfunk.